MADE IN GERMANY

Legendäre deutsche Automobile

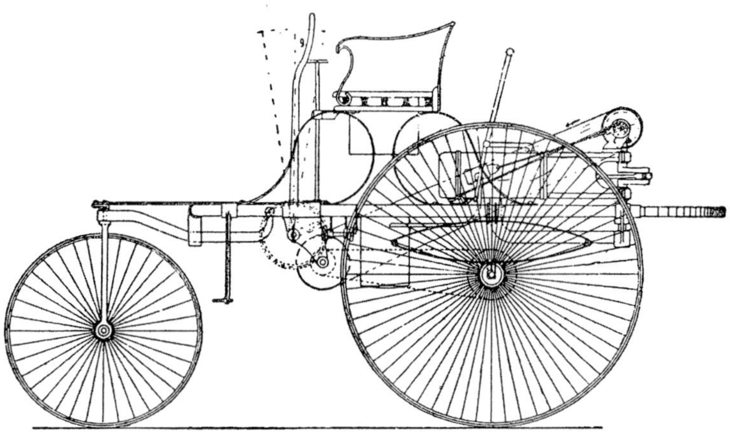

Bassermann

Carrera GT

MERCEDES
BENZ

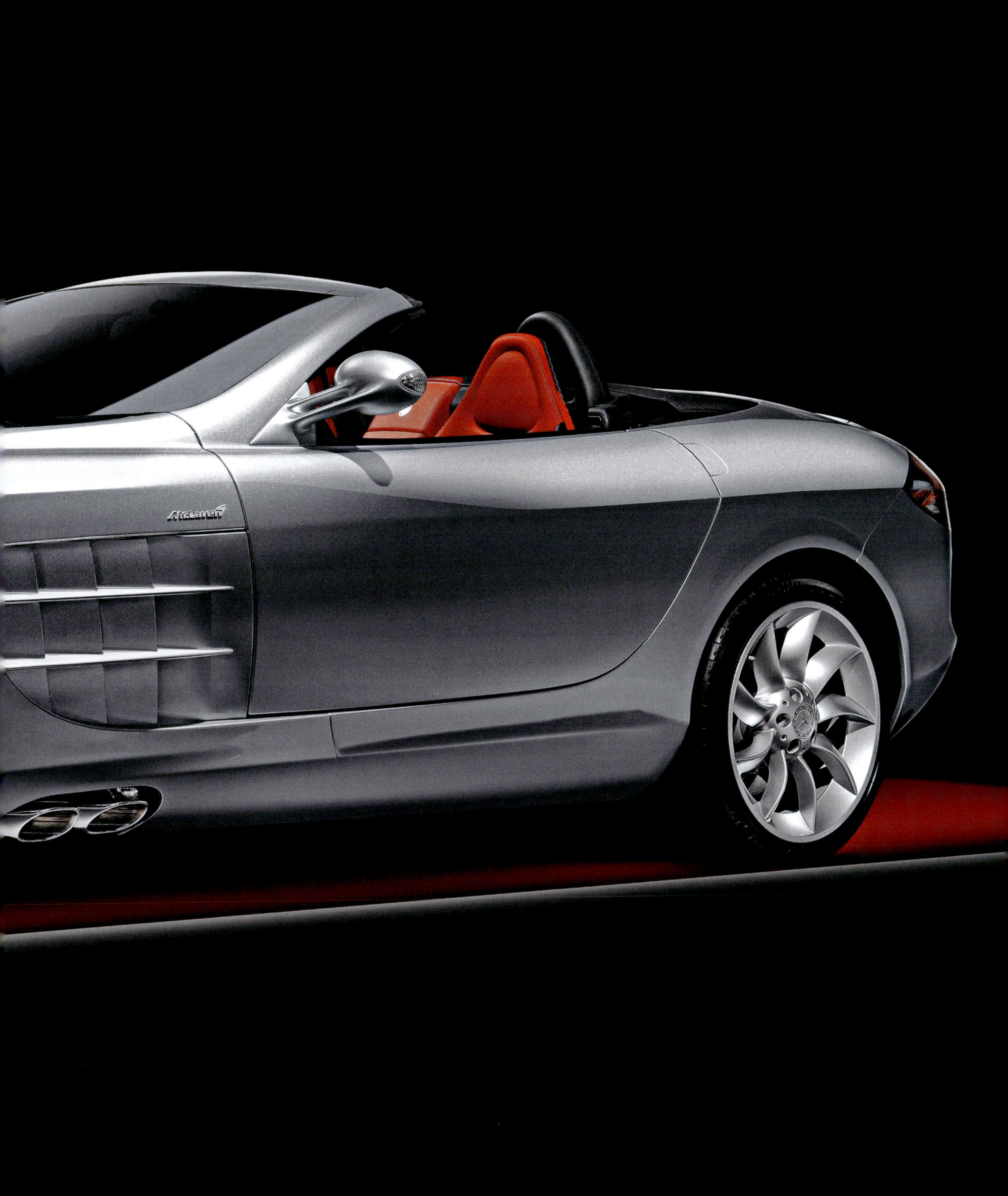
McLaren

TEXT
Peter Ruch

AKTUALISIERUNGEN
Andrea Rapelli

REDAKTIONELLE LEITUNG
Valeria Manferto De Fabianis

REDAKTION
Laura Accomazzo - Giorgia Raineri

LAYOUT
Maria Cucchi

INHALT

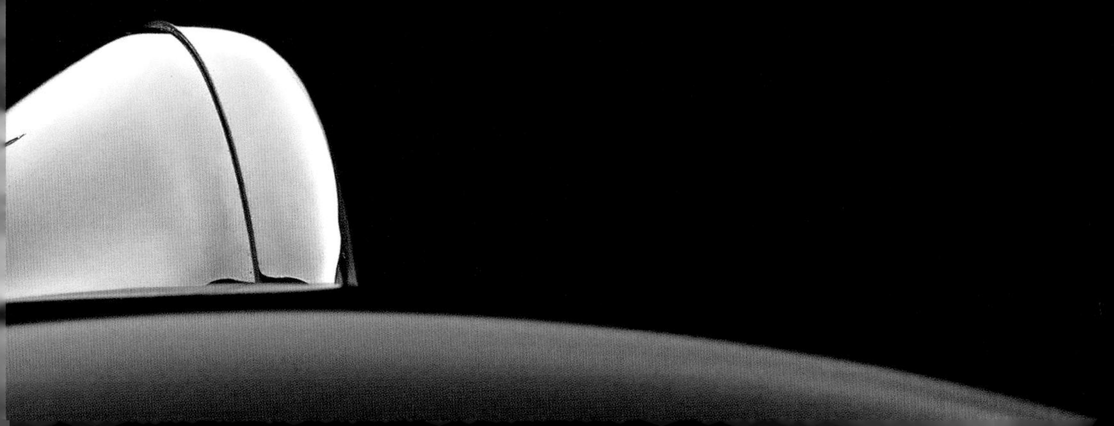

PORSCHE

MERCEDES BENZ

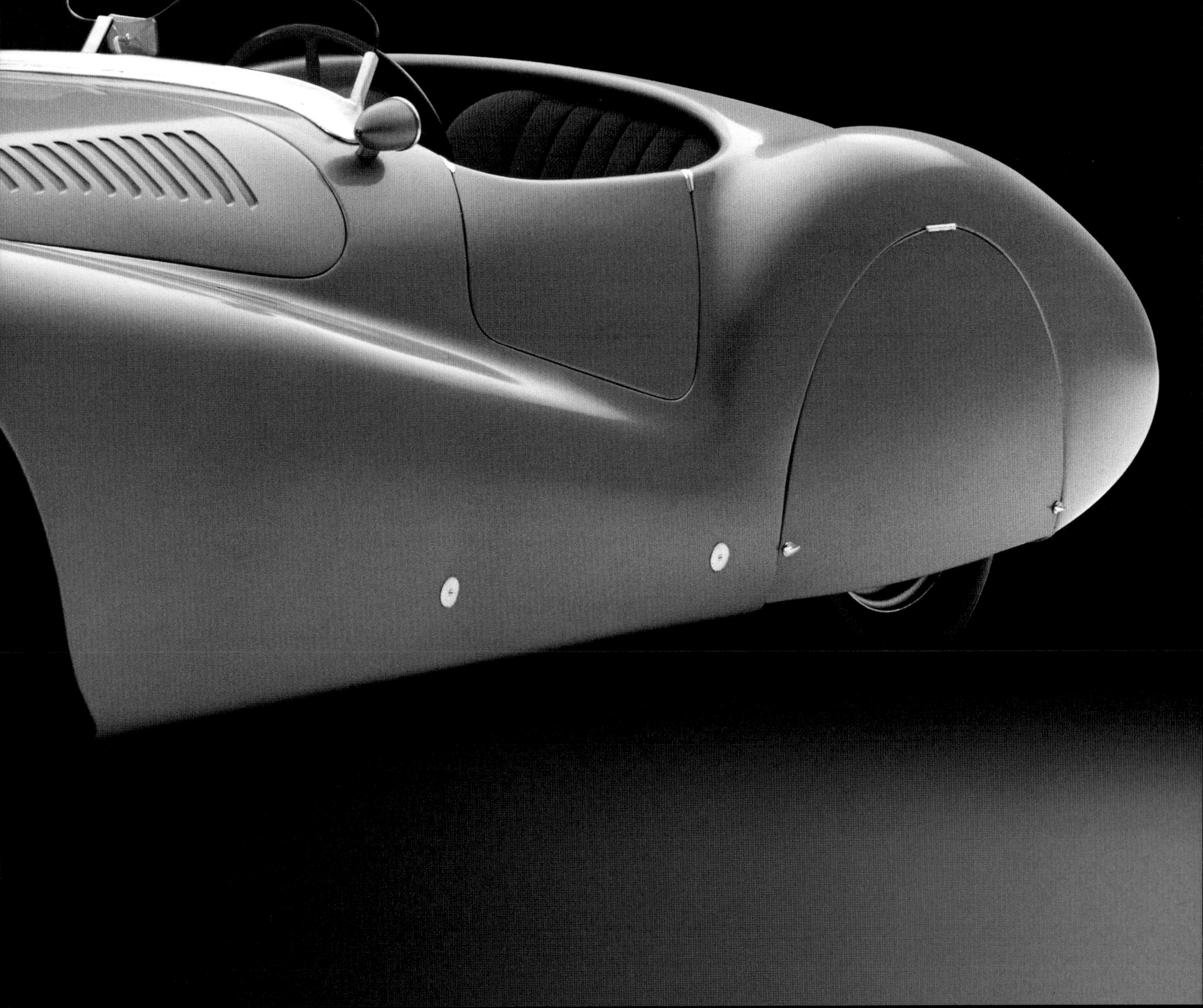

KAPITEL 1

In den Kinderschuhen

22-23 Der ab 1902 gebaute Mercedes Simplex (40/45 PS) sorgte als wohl erstes Fahrzeug für den ausgezeichneten Ruf der Mercedes-Fahrzeuge. Mit einem Gewicht von unter 1000 Kilo war er auch ein erfolgreiches Rennfahrzeug.

24 *Carl Benz und seine Tochter Clara auf einer Ausfahrt im Jahre 1893 mit einem Benz Victoria mit einem 2,9-Liter-Einzylinder-Motor, der das kutschenähnliche Wägelchen – der erste Benz mit vier Rädern – 25 km/h schnell machte.*

Der Erfolg, sagt man, hat viele Väter. Beim Automobil sind es auch noch Ur- und Großväter. Ohne die Vorarbeiten von Männern wie dem Franzosen Nicolas Joseph Cugnot (1725–1804), der 1771 mit seinem Dampfwagen wohl als erster Mensch ein selbstgetriebenes Fahrzeug gebaut hat, dem Schweizer François Isaac de Rivaz (1752–1828), der 1807 einen ersten Verbrennungsmotor in einen Handkarren einbaute, dem französisch-belgischen Ingenieur Étienne Lenoir (1822–1900), der 1859 den ersten brauchbaren Gasmotor entwickelt hatte, oder Nicolaus August Otto (1832–1891), dem Erfinder des Viertaktmotors, wäre das Automobil vielleicht nicht möglich geworden. Oder hätte vielleicht ganz anders ausgesehen.

Das deutsche Automobil, Sinnbild für Qualität, die längst sprichwörtlich gewordene Wertarbeit. Es liegt auf der Hand, dass auch die Erfindung des Automobils in Deutschland geschehen sein muss – man erwartet das so. Und doch, beinahe wäre es anders gekommen, fast hätten sich die Deutschen den Titel als „Erfinder des Automobils" noch wegschnappen lassen. Nicht wirklich, selbstverständlich, es steht außer Zweifel, dass Carl Benz (1844–1929) im Herbst 1885 den ersten Motorkraftwagen und damit das erste Automobil im heutigen Sinne gebaut hat.

Doch fast hätte die Geschichtsschreibung einen Umweg genommen: 1898 schrieb ein gewisser Ludwig Czischek in einem Artikel des Österreichischen Ingenieurund Architektenvereins dem in Malchin/Mecklenburg geborenen und in hauptsächlich in Wien lebenden Siegfried Marcus (1831–1898) die Erfindung des Automobils zu, und zwar für das Jahr 1875. In den Jahren 1910 und 1912 veröffentlichte der anerkannte deutsche Technikhistoriker Franz Maria Feldhaus verschiedene Artikel, in denen dieser Irrtum weiterverbreitet wurde. Doch Czischek hatte schlicht und einfach die Datierungen zweier Fotografien verwechselt, und es dauerte bis in die sechziger Jahre des 20. Jahrhunderts, bis dieser Irrtum aufgedeckt wurde.

Aber wieso ist es eigentlich klar, dass das Automobil in Deutschland erfunden werden musste? Damals, Ende des 19. Jahrhunderts, kamen viele der entscheidenden Erfindungen eher aus den Vereinigten Staaten, aus Großbritannien, aus Frankreich. Beim Automobil war es eine Reihe von günstigen Zusammentreffen: die frühen Motorenentwicklungen von Otto, die Vision von Benz, die brillanten Ingenieure Gottlieb Daimler (eigentlich: Däumler, 1834–1900) und Wilhelm Maybach (1846–1929), Industrielle wie die Gebrüder Opel, Erfinder wie Ackermann (Achsschenkellenkung) oder Bosch (Zündung). Doch Deutschland verlor seine Führungsrolle in der Frühzeit des Automobils schnell wieder an Frankreich, die USA. Zwar gehörten die Produkte von Marken wie Mercedes, Maybach, auch Horch vor dem 2. Weltkrieg zu den exklusivsten der Welt, doch auf die Überholspur bog die deutsche Autoindustrie erst nach dem Krieg wieder ein.

Über die Schreibweise lässt sich diskutieren: Carl oder Karl Benz? Im Geburtsregister seiner Heimatstadt Mühlburg, wo Benz am 25. November 1844 das Licht der Welt erblickte, ist er als Karl Friederich Michael verzeichnet. Auch ins Polytechnikum in Karlsruhe, wo Benz studierte, schrieb er sich mit Karl ein. Auf seiner ersten Patentschrift 1880 steht: Karl Benz. Doch schon 1882 nannte er sich Carl Benz, und sein Unternehmen in Ladenburg firmierte unter Carl Benz Söhne KG. Wie auch immer, Carl/Karl Benz gehörte in der Frühzeit des Automobils zu den entscheidenden Namen.

1879 entwickelte er einen verdichtungslosen Zweitakt-Verbrennungsmotor, später arbeitete er an einem Viertaktmotor. 1885 baute er sein erstes Automobil, ein dreirädriges Fahrzeug, das von einem 0,8 PS starken, liegend eingebauten Motörchen angetrieben wurde und bereits eine elektrische Zündung sowie gesteuerte Ventile besaß; ein Getriebe gab es allerdings nicht, die Kraft wurde über zwei seitliche Ketten übertragen. Anfangs rollte Benz nur durch seinen Werkshof, auf die Straße (die Ringstraße in Mannheim) wagte er sich erst im Juni 1886. Doch schon am 29. Januar 1886 hatte er das Reichspatent Nr. 37 435 für „ein Fahrzeug mit Gasmotorbetrieb" erhalten – und damit für den ersten „selbstfahrenden Wagen" überhaupt. Doch eitel Freude war es für Benz nicht: Sein Gefährt wurde als „Wagen ohne Pferde" verspottet. Und wirtschaftlichen Erfolg brachte ihm seine Erfindung auch nicht.

Erst 1888, als seine Frau Bertha, begleitet von ihren Söhnen Eugen und Richard, eine Fernfahrt von Mannheim nach Pforzheim und zurück unternahm, da wurde eine breitere Öffentlichkeit auf das Automobil aufmerksam; getankt hat sie damals kein Benzin, sondern Ligroin bei einem Apotheker in Wiesloch. Dieser Wagen war bereits 2 PS stark und rollte auf Holz- anstatt Drahtspeichenrädern. Die Probleme mit der Lenkung – deshalb war das erste Automobil auch ein Drei- und kein Vierrad – bekam Benz etwa 1893 in den Griff.

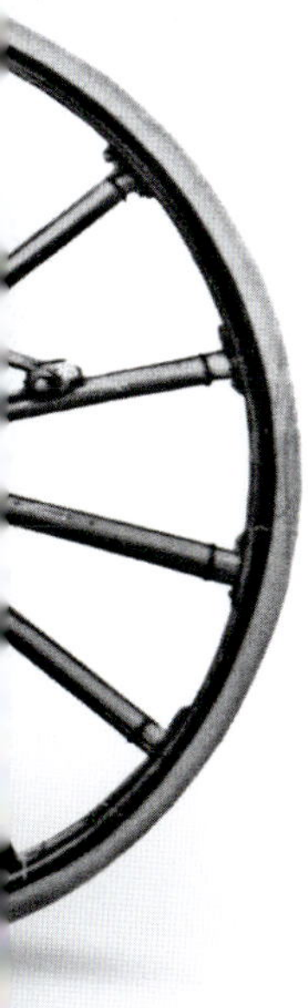

25 Vom Benz „Velociped" wurden zwischen 1894 und 1897 immerhin 381 Exemplare ausgeliefert. Er dürfte damit das erste Automobil aus Serienproduktion sein. Der „Velo" verfügte bereits über eine Achsschenkellenkung.

26 oben Gottlieb Wilhelm Daimler (1834–1900) war der wahrscheinlich umtriebigste aller deutschen Autopioniere. Er entwickelte den ersten schnelllaufenden Benzinmotor und das erste vierrädrige Automobil der Welt.

26 unten Gottlieb Daimler, neben Carl Benz Schöpfer des modernen Kraftwagens, baute das erste Motorrad, das erste Motorboot, die erste Straßenbahn und auch gleich noch den ersten Lastwagen der Welt. Hier sieht man ihn vor einem Fünftonner (1898).

26–27 Die erste englische Autofirma „The Daimler Motor Company" begann ihre Produktion 1896. Die Benennung der Firma erfolgte aufgrund der Lizenz, welche die deutsche Daimler für den Bau von Motoren erteilt hatte.

HUTTON & SONS
COACHMAKERS TO
HER MAJESTY THE QUEEN &
THE PRINCE OF WALES
DUBLIN
Hudson

28–29 Im Oktober 1886 baute Gottlieb Daimler seinen als „Standuhrmotor" bekannten Einzylinder- Viertakter in eine Kutsche von Wilhelm Wimpff ein – das Automobil verfügte erstmals in seiner Geschichte über vier Räder.

29 oben links Wilhelm Maybach (1846–1929) war ein weiterer wichtiger Ingenieur unter den deutschen Autopionieren. Er arbeitete lange mit Gottlieb Daimler zusammen (etwa ab 1870), 1907 gründete er seine eigene Firma.

29 oben rechts Gottlieb Daimler am Steuer eines seiner Automobile im Jahr 1895. Daimler war ein genialer Ingenieur, doch als Geschäftsmann hatte er nicht immer eine glückliche Hand. Den Erfolg der Firma Daimler erlebte er nicht mehr.

29 unten Diesen Mercedes 35 hp konstruierte Wilhelm Maybach 1901 für die Daimler-Motoren-Gesellschaft. Der Name Mercedes stammte von der Tochter des wichtigsten Daimler-Händlers jener Jahre, Emil Jellinek.

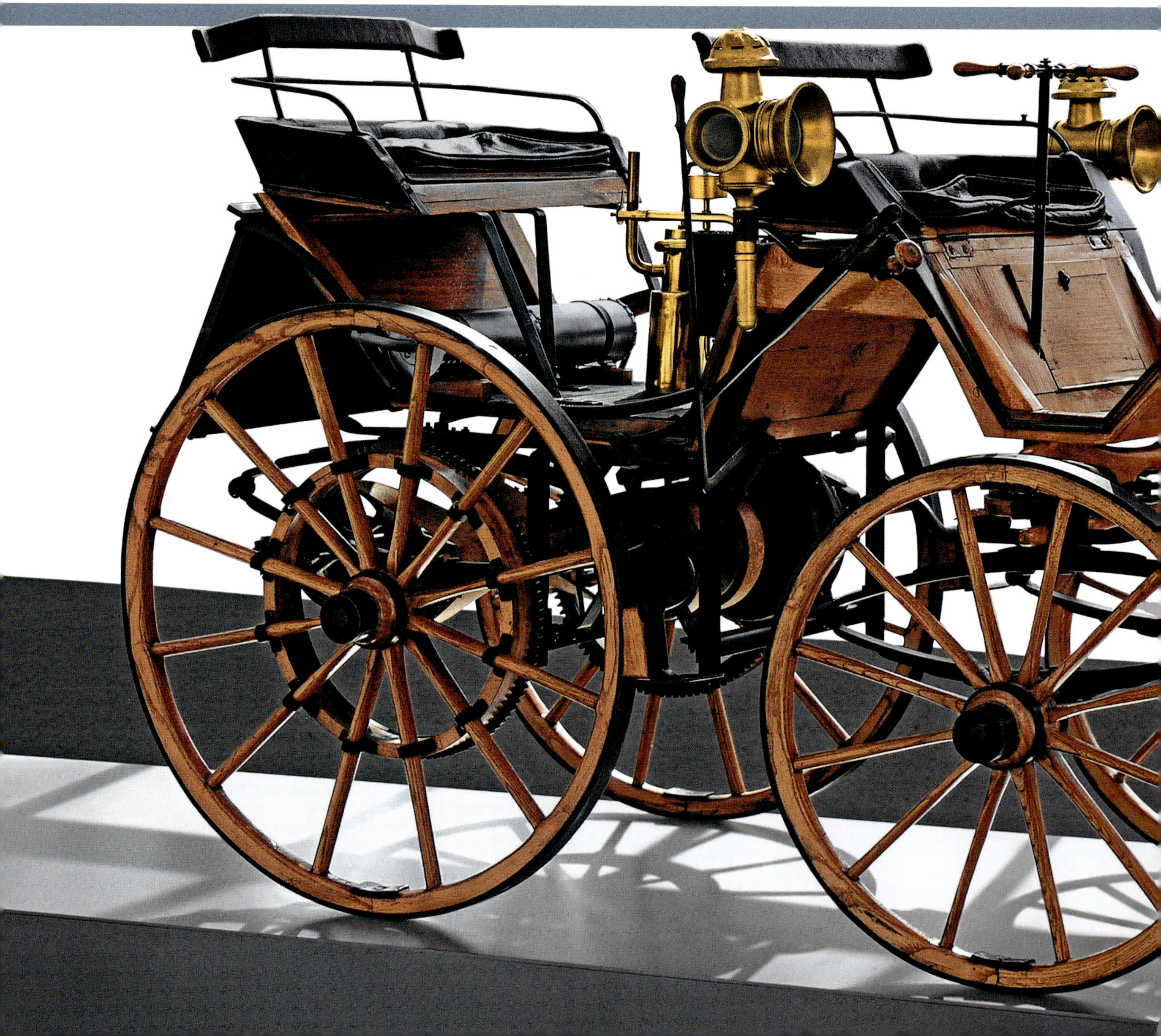

Rudolf Diesel, geboren 1858 in Paris, ist noch einer dieser vielen bedeutenden deutschen Ingenieure, die sich in der Frühzeit des Automobils verdient gemacht hatten. Doch die wahre Anerkennung findet Diesel eigentlich erst seit wenigen Jahren, seit die Dieselmotoren zu einem großartigen Siegeszug durch die Autowelt angesetzt haben und unterdessen gar auf dem Sprung scheinen, den klassischen Benzinmotor zu überholen.

Dass der Dieselmotor erst so lange nach dem Tod seines Erfinders derartige Hochachtung erfährt, das ist irgendwie symptomatisch für das Leben des Rudolf Diesel. Er war sehr talentiert, hatte sein Studium an der Technischen Hochschule München mit den besten Noten seit Bestehen der Anstalt abgeschlossen. Bereits 1892 meldete er beim Patentamt in Berlin eine „neue rationelle Wärmekraftmaschine" an. Ab 1893 entwickelte er für die Maschinenfabrik MAN AG in Augsburg seinen Motor weiter, doch es dauerte vier lange Jahre, bis die Maschine endlich lief; ohne die Hilfe der MAN-Ingenieure wäre Diesel wohl nie zum Ziel gekommen und von seinem ursprünglichen Patent war auch nicht mehr viel übrig. Die Patentprozesse zerrütteten die Gesundheit von Rudolf Diesel, auch wirtschaftlich kam er unter die Räder – das Talent zum Geschäftsmann ging dem genialen Ingenieur völlig ab. Gestorben ist Diesel wahrscheinlich 1913 auf der Überfahrt von Antwerpen nach London; seine genauen Todesumstände sind heftig umstritten, es gab (und gibt weiterhin) wilde Spekulationen, ob es nun ein Mord oder doch ein Freitod gewesen sein könnte.

Beim Dieselmotor wird im Gegensatz zum Ottomotor kein zündfähiges Benzin-Luft-Gemisch verwendet, sondern Luft. Diese wird im Zylinder hoch verdichtet, wodurch sie sich auf etwa siebenhundert bis neunhundert Grad erwärmt. Vor dem obersten Totpunkt des Brennraums beginnt nun die Einspritzung und Verteilung des Kraftstoffes in die heiße Luft. Die hohe Temperatur reicht aus, um den Kraftstoff zu verdampfen und das Dampf-Luft-Gemisch zu zünden – deshalb spricht man beim Dieselmotor auch von einem Selbstzünder. Ein Dieselmotor verfügt gegenüber dem Ottomotor über einen besseren Wirkungsgrad, was zu einem günstigeren Verbrauch führt.

1903 wurden die ersten Dieselmotoren in Schiffe eingebaut, ab 1912 kamen sie auch in Lokomotiven zum Einsatz. Ab 1933 experimentiert Citroën als erster Autohersteller mit einem Dieselmotor (allerdings in einer Ausführung des englischen Pioniers Sir Harry Ricardo), doch das Fahrzeug geht aufgrund gesetzlicher Bestimmungen nie in Serie. 1936 bringt Mercedes mit dem 260 D das erste Serienfahrzeug mit einem Dieselmotor auf den Markt.

30 oben Noch ein Beispiel eines englischen Daimler (1899). Der wassergekühlte Zweizylinder mit 1,65 Liter Hubraum schaffte 6 PS bei 700 U/min – und war ein Lizenzbau der deutschen Daimler-Motoren-Gesellschaft.

30 unten Auch wenn sich die Automobile im 19. Jahrhundert immer mehr von den Kutschen entfernten, so waren sie – wie dieser Daimler von 1895 – noch weit entfernt von jeglicher Eleganz. Karosseriebauer kamen erst später ins Spiel.

30–31 Dieser wassergekühlte Zweizylinder war 1895 von Wilhelm Maybach konstruiert worden. Der Vortrieb erfolgte bereits über ein Viergang-Getriebe (plus Rückwärtsgang), die Höchstgeschwindigkeit lag bei 12 km/h.

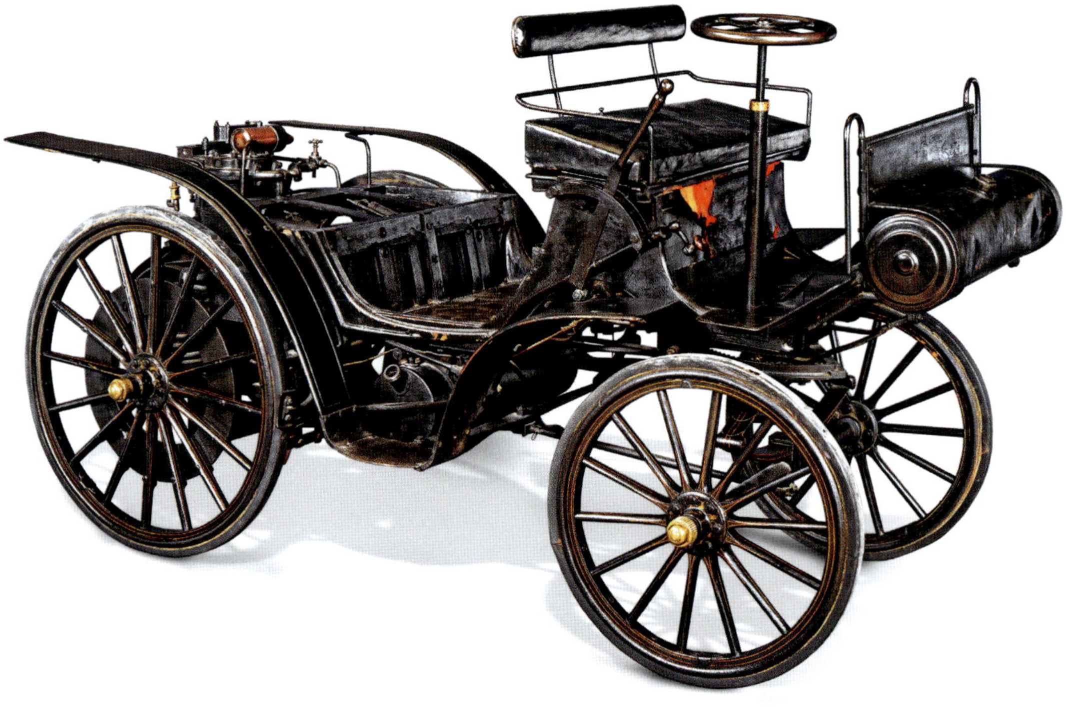

GESELLSCHAFT
Cannstatt
PATENT
464

PATENT-URKUNDE

№ 67207

AUF GRUND DER ANGEHEFTETEN BESCHREIBUNG UND ZEICHNUNG IST DURCH BESCHLUSS DES KAISERLICHEN PATENTAMTES

an Rudolf Diesel, Ingenieur, in Berlin

EIN PATENT ERTHEILT WORDEN.

GEGENSTAND DES PATENTES IST:

Arbeitsverfahren und Ausführungsart für Verbrennungskraftmaschinen.

GESETZ v. 7. APRIL 1891

ANFANG DES PATENTES: 28. Februar 1892.

DIE RECHTE UND PFLICHTEN DES PATENTINHABERS SIND DURCH DAS PATENTGESETZ VOM 7. APRIL 1891 (REICHS-GESETZBLATT FÜR 1891 SEITE 79) BESTIMMT.

ZU URKUND DER ERTHEILUNG DES PATENTES IST DIESE AUSFERTIGUNG ERFOLGT.

Berlin, den 23. Februar 1893.

KAISERLICHES PATENTAMT.

Beglaubigt durch Hauk

Bureau-Vorsteher des Kaiserlichen Patentamtes.

32 Die wegweisende Patentschrift von Rudolf Diesel, die am 23. Februar 1893 ausgestellt wurde. In ihr beschreibt er eine „neue rationelle Wärmekraftmaschine", die wir heute als den Dieselmotor kennen.

32–33 Rudolf Diesel (1858–1913, in der Mitte stehend mit dem hellen Hut) war einer der großartigen deutschen Ingenieure aus der Frühzeit des Automobils. Sein technisches Geschick übertraf seine Fähigkeiten als Unternehmer deutlich.

Bis etwa Mitte der neunziger Jahre galten Dieselmotoren in Personenwagen zwar als sparsam und zuverlässig, doch der Ottomotor war ihnen in Bezug auf Fahrleistungen und auch Laufruhe deutlich überlegen. Erst die zunehmende Verbreitung von Turbos sowie der Einsatz der Common-Rail-Einspritzung (erstmals 1988 im Fiat Croma TD i.d. eingesetzt) konnten dieses Bild verändern. 2004 wurden in Westeuropa erstmals mehr als 50 Prozent Dieselfahrzeuge verkauft, Tendenz steigend. Zu den fortschrittlichsten Herstellern von Dieselmotoren gehören heute die Volkswagen Group und BMW, während Pionier Mercedes noch Raum hat für eine Entwicklung nach oben.

Nicht nur in den Versuchswerkstätten von Carl Benz, sondern gut hundert Kilometer entfernt, machte das Automobil ebenfalls erste Schritte. Dass sich die beiden großartigsten Namen der deutschen Frühgeschichte des Automobils dereinst zu einem einzigen Unternehmen vereinigen würden, das wussten Carl Benz und ein gewisser Gottlieb Daimler damals natürlich noch nicht.

Gottlieb Daimler, Sohn des Bäckermeisters Johannes Däumler, ließ sich zum Büchsenmacher ausbilden. Eine interessante Berufswahl: In der Büchsenmacherei wurde so präzise gearbeitet, dass es tatsächlich möglich war, Ersatzteile herzustellen – etwas, was die Autoindustrie mit wenigen Ausnahmen auch zwanzig Jahre nach ihren ersten Gehversuchen nicht im Griff hatte.

Nach einer unsteten Karriere, die ihn auch zwei Jahre nach England gebracht hatte, landete er schließlich 1872 bei der Gasmotorenfabrik der Herren Otto und Langen in Deutz. Dorthin brachte er auch seinen engen Freund Wilhelm Maybach mit. Daimler war der Meinung, dass sich der Ottomotor noch deutlich optimieren ließe, worauf ihm die Kündigung nahegelegt wurde.

So gründete er zusammen mit Maybach 1885 in Cannstatt eine Versuchswerkstatt. 1883 entwickelten die beiden Ingenieure einen Einzylinder-Viertaktmotor, der mit Benzin lief. Am 3. April 1885 erhielt Daimler das Reichspatent Nr. 43 926 für seine Maschine, die als „Standuhrmotor" berühmt wurde. Im gleichen Jahr konstruierten Daimler und Maybach den „Reitwagen", das erste Motorrad der Welt; ein Jahr später war das erste Motorboot der Welt an der Reihe. Und im Oktober wurde der Einzylinder auch in eine von Wilhelm Wimpff angefertigte Kutsche eingebaut – fertig war das erste vierrädrige Automobil der Geschichte. Damit nicht genug: Der Motor fand auch noch Verwendung in der ersten Straßenbahn (1887), auch gleich noch im ersten Lastwagen der Welt und ab 1888 in einem Gasballon. Doch das war Daimler und Maybach alles noch nicht genug, sie konstruierten 1892 einen Zweizylinder-Reihenmotor.

Trotzdem, wirtschaftlichen Erfolg hatten Daimler und Maybach nicht. Sie mussten neue Partner suchen und 1893 verkrachte sich Daimler mit diesen, verließ sein eigenes Unternehmen, um ein Jahr später wieder als Vorsitzender des Aufsichtsrats zurückzukehren. In dieser Eigenschaft ließ er Maybach 1899 einen Rennwagen bauen, der auf den Namen Mercedes getauft wurde. Womit ein weiterer Kreis geschlossen wäre. Und noch ein Kreis sei geklärt: Um 1900 war die „Benz & Cie. Rheinische Gasmotorenfabrik Mannheim" die größte Autofabrik der Welt. 1926 vereinigte sich diese Firma dann mit der „Daimler-Motoren-Gesellschaft" zur Daimler-Benz AG.

Kollekt
Eingang

Doch es gab noch mehr bekannte Namen, die heute jedes Kind kennt: Ferdinand Porsche, geboren 1875, begann seine Karriere als noch junger Mann beim Elektro-Unternehmen Egger in Wien. Egger lieferte damals die Elektromotoren für den Kutschenfabrikanten Lohner, der an die Zukunft des Automobils glaubte und auch mächtig investierte.

Porsche, der bei seinem Vater eine Lehre als Klempner gemacht hatte, war bei Egger in vier Jahren vom einfachen Arbeiter zum Leiter des Prüfraums aufgestiegen; in seiner Freizeit belegte er Kurse an der Technischen Hochschule in Wien. Er war unermüdlich: In zwei Jahren legte Ferdinand Porsche Lohner das Konzept für einen elektrischen Antrieb vor. Der Vorteil war offensichtlich: Der neue Motor konnte direkt in die Räder montiert werden (nicht in die Radnaben, wie oft kolportiert wird), ein Getriebe entfiel. Doch dieser erste Lohner-Porsche hatte auch seine Nachteile: Das Gewicht war (durch die schweren Bleibatterien) zu hoch, dafür die Reichweite zu gering, mehr als fünfzig bis sechzig Kilometer waren nicht drin.

Man schrieb das Jahr 1900, als der erste Lohner-Porsche lief. Ein Jahr später entstand der „Semper Vivus" (lat. „immer lebendig"), der mit einem zusätzlichen Verbrennungsmotor ausgerüstet war; er lief als Stromerzeuger für die Elektromotoren dauernd mit. Dieser „Hybrid" errang beim Exelberg-Rennen einen Klassensieg.

34 oben Die Konstruktion des Lohner-Porsche von 1900 mit seinen zwei in den Rädern montierten Elektromotoren war sehr interessant. Ein Jahr später entstand der „Semper Vivus", der zusätzlich noch einen Benzinmotor hatte.

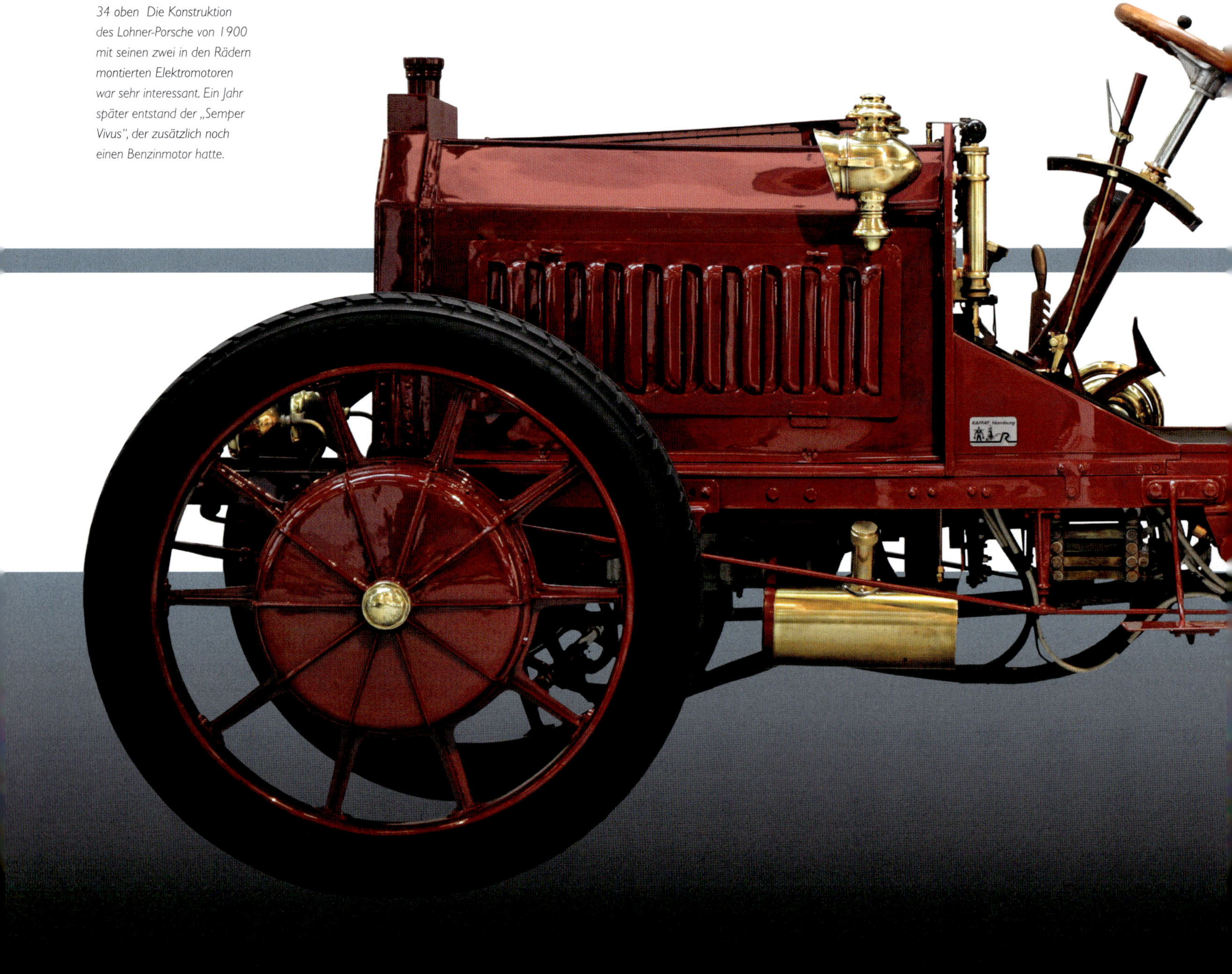

Der erste „Hybrid“ war der Lohner-Porsche von 1901 allerdings nicht. Diese Ehre gebührt wohl dem Spanier Emilio de la Cuadra, der schon 1898 in Barcelona einen De-Dion-Verbrennungsmotor dafür benutzte, einen Elektromotor mit Energie zu versorgen. Glücklich wurde de la Cuadra damit wohl nicht, er konzentrierte sich später wieder ganz auf Benzinmotoren (und traf dabei einen weiteren wichtigen Namen der Autoindustrie, Mark Birkigt, der mit seiner Marke Hispano-Suiza berühmt wurde). Die Ehre für den ersten „Hybrid“ der automobilen Neuzeit gebührt dann wieder Deutschland. 1997 stellte Audi den A4 Duo vor, den man auch tatsächlich kaufen konnte, und zwar deutlich vor dem Toyota Prius.

34–35 Ferdinand Porsche, damals gerade erst 25-jährig, konstruierte für Lohner auch einen leichten Zweisitzer mit Radnabenmotoren vorne, der im Jahre 1900 tatsächlich für Rennen eingesetzt wurde.

35 oben Elektrische Hilfsmotoren waren schon um die Jahrhundertwende bekannt. Und es war übrigens auch nicht Porsche, der den ersten Hybrid-Antrieb konstruierte, sondern der Spanier de la Quadra bereits 1897.

35 Mitte Dieser Lohner-Porsche mit gleich vier Radnabenmotoren wurde 1900 vom Engländer E.W. Hart bestellt, und der erst 25-jährige Ferdinand Porsche (neben dem Fahrer) übergab dem Besitzer das Fahrzeug persönlich.

Damit aber nicht genug an berühmten deutschen Namen, die heute natürlich alle in der „Automotive Hall of Fame“ vertreten sind, weil sie die Automobilindustrie entscheidend prägten.

Die Firma Opel war 1862 von Adam Opel im hessischen Rüsselsheim gegründet worden und stellte zunächst Nähmaschinen her, von 1886 an auch Fahrräder. 1898, drei Jahre nach dem Tode des Firmengründers, begannen seine Söhne mit dem Automobilbau. Sie kauften die Firma des Dessauer Hofschlossermeisters Friedrich Lutzmann, machten ihn zum Direktor und bauten den „Opel Patent-Motorwagen System Lutzmann“. Dieser war vorher von Lutzmann auf der ersten IAA 1897 ausgestellt worden.

36 oben und 37 oben
Die Geschichte der Firma Opel war typisch für die Anfangsjahre der Autoindustrie: Man produzierte Fahrräder (und Nähmaschinen) und stellte dann langsam auf die Herstellung von Automobilen um.

36–37 *Die Erfindung des Fließ-bands (erste Schritte durch Ransom Eli Olds, Weiterentwicklung durch Henry Ford) kam erst einige Jahre später, hier bei Opel wurde vor der Jahrhundertwende noch alles von Hand zusammengebaut.*

37 Mitte *Die ersten Automobile waren alles Einzelanfertigungen, Ersatzteile gab es nicht. Wenn an Motor oder Getriebe etwas kaputt-ging, musste alles komplett ersetzt werden. Zu Beginn arbeiteten nur Männer in der Produktion.*

37 unten *Mit diesem Inserat vom 10. April 1863 – erschienen im „Anzeigenblatt des Großherzoglichen Kreisamtes" – wirbt der Nähmaschinenhersteller Adam Opel für seine Produkte.*

Adam Opel, Mechaniker
22) **in Rüsselsheim**
empfiehlt selbstgefertigte Nähemaschienen aller Art, nach der neuesten Construction, zu festen und billigen Preißen.

38 oben Adam Opel hatte 1862 in Rüsselsheim eine Nähmaschinenfabrik gegründet. Seine fünf Söhne Carl, Wilhelm, Heinrich, Fritz und Ludwig übernahmen ab 1895 die Leitung des Unternehmens. 1898 begannen sie mit der Autoherstellung.

Im Frühjahr 1899 war der erste „Opel Patent-Motorwagen System Lutzmann" fahrbereit. Angetrieben wurde er von einem im Heck eingebauten Einzylinder mit einem Hubraum von 1545 cm3 (Bohrung x Hub: 122 x 132 mm), der eine maximale Leistung von 3,5 PS bei 650 U/min schaffte. Pleuelstange und Kurbelwelle laufen frei; sie werden durch einfache Tropföler geschmiert. Das Kurbelgehäuse besteht aus Bronze, der Zylinderkopf aus Grauguss. Das Einlassventil wird nicht gesteuert, sondern einfach über eine Feder belastet (ein sogenanntes Schnüffelventil); das Auslassventil dagegen verfügt bereits über einen Nocken und einen (500 mm langen!) Kipphebel. Ein elektrischer, auch nockenbetätigter Summer zündet das angesaugte Luft-Benzin-Gemisch. Nun ja, dieser simple Oberflächenvergaser macht eine exakte Gemischanpassung an den Betriebszustand schwierig, deshalb arbeitet der Einzylinder nur in einem schmalen Drehzahlband einigermaßen ruhig; die Drehzahl muss über längeres oder eben kürzeres Offenhalten des Einlassventils geregelt werden. Der Tank liegt unter der Sitzbank, rechts und links am Heck sind zwei Kühlwasserbehälter angebracht. Die beiden Achsen sind starr und blattgefedert. Die halbelliptischen Federbündel sind an einem sehr zierlichen Kutschenrahmen aus Schmiedestahl angebracht, der Aufbau besteht aus Eschenholz. Die Lenkung wird über eine Kette gesteuert, die Fußbremse sollte über zwei außen liegende Bremsbänder auf zwei Trommeln an den Hinterrädern wirken, dazu gibt es eine direkte Handbremse. Noch mehr technische Besonderheiten? Bitte, gern: Der Opel verfügt über ein Zweigang-Planetengetriebe, das zwischen das riemengetriebene Vorgelege und den Hinterradantrieb geschaltet ist. Jedes Hinterrad wird von einer eigenen Kette angetrieben. Das Wägelchen ist 427 kg schwer, die Länge beträgt 215 cm, die Breite 144 cm, der Radstand gerade einmal 135 cm. Ausgesprochen zuverlässig war das Gefährt nicht – und im Vergleich mit den damals vorherrschenden Marken wie Daimler, Renault, Panhard & Levassor, De Dion, Peugeot und Darracq konnte es nicht mithalten.

1901 läuft die Produktion des Lutzmann nach 65 Exemplaren bereits wieder aus, der Konstrukteur wird entlassen – und versucht sich in der Folge mit dem Abfüllen von Mineralwasser. Opel schaut sich wieder außer Haus um und wagt ab 1902 einen neuen Start mit der Lizenzproduktion eines Darracq-Produktes. Die Kooperation hielt bis 1907.

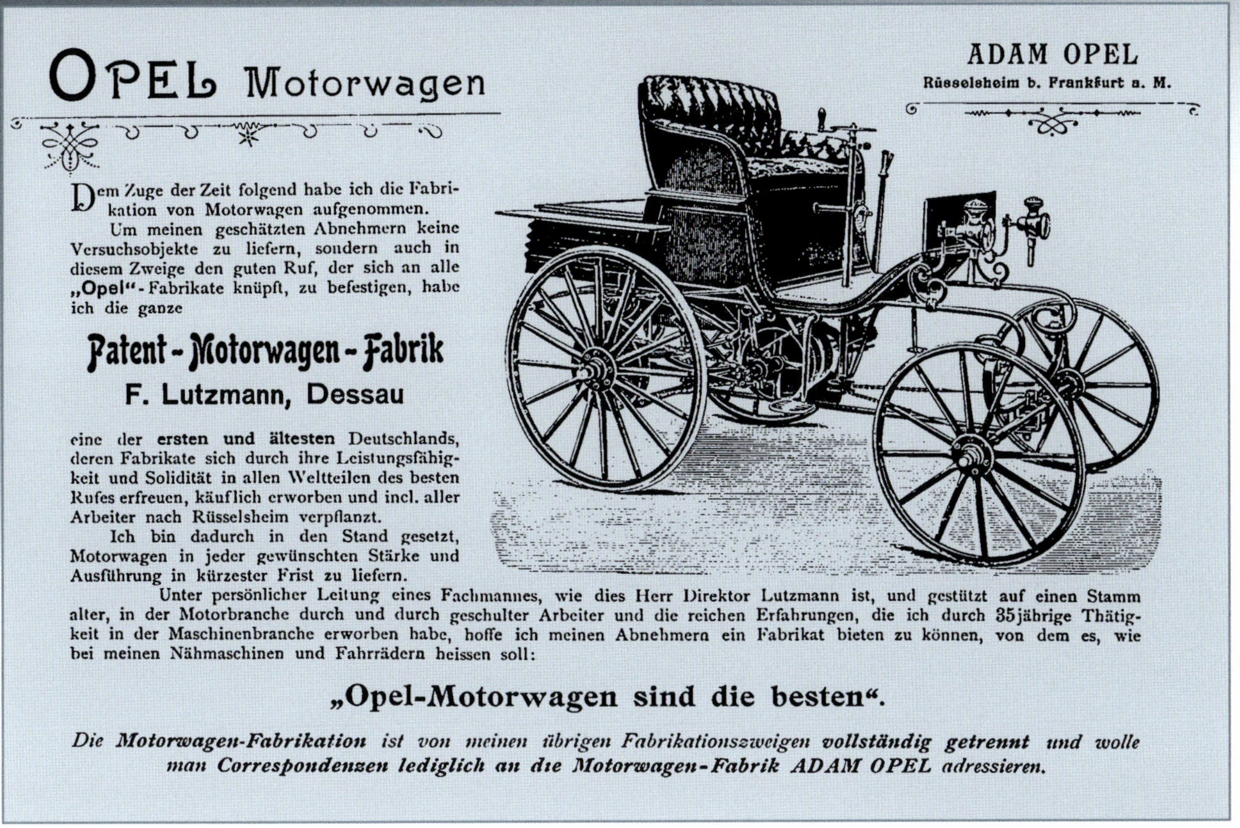

38 unten und 39 Der erste Opel wurde ab 1899 von Friedrich Lutzmann (1859–1930) konstruiert und hieß deshalb auch „Patent Lutzmann". Allerdings war diesem Wagen der Erfolg versagt, nach zwei Jahren wurde Lutzmann wieder entlassen.

40 oben Im Jahre 1902 wagte Opel einen Neuanfang, zuerst mit dem Lizenzbau von Darracq-Automobilen, später auch mit einer ersten Eigenproduktion, dem 10/12 PS. Binnen weniger Jahre gehörte Opel zu den führenden Herstellern.

40 unten Noch war das Automobil nur ein Spielzeug, das sich einzig die Reichen leisten konnten. Kurz nach der Jahrhundertwende war es Kutschen und Pferden zahlenmäßig noch weit unterlegen und solche Familienausflüge selten.

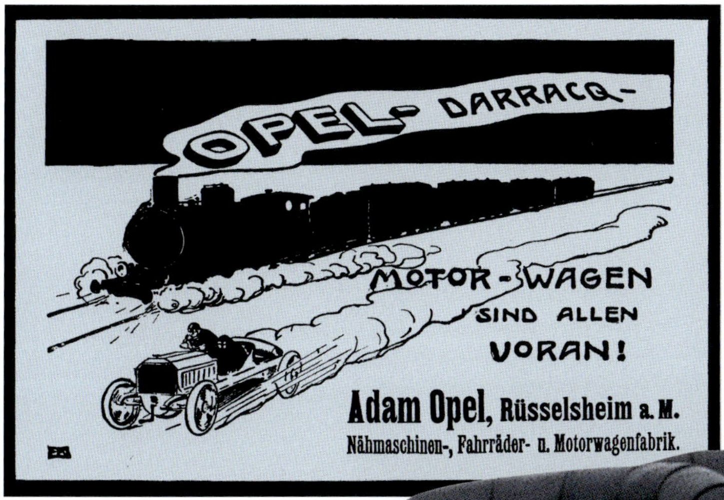

40–41 Die Zusammenarbeit mit Darracq dauerte nur bis 1907, doch die zuverlässigen Fahrzeuge verhalfen Opel zu ersten Erfolgen auf dem Automarkt. Nebenbei wurden aber immer noch Fahrräder und Nähmaschinen produziert.

41 oben Opel hatte als einer der ersten Hersteller verstanden, dass die Teilnahme an Motorsportveranstaltungen eine ausgezeichnete Werbung für das Unternehmen darstellte. Das hatte schon bei den Fahrrädern funktioniert.

42 oben Das erste Autorennen hatte am 22. Juli 1894 von Paris nach Rouen geführt. Kurz nach der Jahrhundertwende wurde bereits auf richtigen Rennstrecken gefahren und Opel war in diesen Jahren oft vorne mit dabei.

42–43 Es waren noch wirklich tollkühne Männer, die sich in den Anfangsjahren des Automobilsports auf die Rennstrecken wagten. Ein echtes Abenteuer, denn Zuverlässigkeit war ein Fremdwort.

43 oben Selbstverständlich waren die Räder der Opel-Rennwagen auch damals schon rund, der „ovale" Eindruck entsteht einzig deshalb, weil die Verschlusszeiten der Fotoapparate damals noch sehr lang waren.

43 Mitte Nicht immer nahmen die Rennabenteuer ein gutes Ende, doch hier ging anscheinend nur der Opel zu Bruch. Carl Jörns war der berühmteste Fahrer seiner Zeit, auch auf dem Fahrrad und Motorrad sehr schnell.

43 unten Was der Rennfahrer – und um einen solchen muss es sich handeln, Kappe und Brille sprechen eine deutliche Sprache – hier ganz genau macht, ist schwierig zu deuten. Ob er vielleicht den Motor seines Opels verloren hat?

Opel engagierte sich auch schon früh im Rennsport. Das hatte wohl einen einfachen Grund: Opel baute auch Fahrräder, und da war der Rennsport schon in jenen Jahren eine der besten Möglichkeiten für Publicity. Der bekannteste und erfolgreichste Pilot von Opel in jenen frühen Jahren war denn auch ein ehemaliger Radrennfahrer, Carl Jörns. 1907 gewann Jörns die „Kaiserfahrt". Das heißt, Sieger war eigentlich Nazzaro auf Fiat, doch Jörns erhielt den Pokal für den besten deutschen Fahrer auf einem deutschen Fahrzeug aus den Händen von Kaiser Wilhelm II. Eine große Ehre: Motorrennsport war schon damals sehr nationalistisch. Jörns war einer der erfolgreichsten Rennfahrer jener Zeit, 288 Pokale gewann er insgesamt, seinen letzten Sieg schaffte er 1924 im doch schon fortgeschrittenen Alter von 49 Jahren.

Doch die Deutschen, so früh sie sich auch mit dem Automobil beschäftigten, waren im Bereich des Motorsports nicht führend in jenen Jahren. Das erste Autorennen der Welt fand bereits im Jahr 1894 statt, in Frankreich, von Paris nach Rouen. Es gewann Graf Albert de Dion auf einem dampfgetriebenen Fahrzeug; für die 127 km lange Strecke brauchte de Dion knapp sieben Stunden. Es gab im ersten Rennen auch gleich den ersten Skandal der Motorsportgeschichte, denn der Sieger erhielt den Pokal nicht, weil sein Fahrzeug nicht dem Reglement entsprochen haben soll. Daimler hatte immerhin schon 1899 den ersten Rennwagen gebaut, er trug den Namen Mercedes. Dies war der Vorname der Tochter des südfranzösischen Daimler-Importeurs Emil Jellinek – und diese Bezeichnung half Daimler aus verschiedenen namensrechtlichen Streitigkeiten (die auch heute noch nicht so ganz gelöst sind). Der erste erfolgreiche Rennwagen unter der Bezeichnung Mercedes war der ab 1902 gebaute Simplex, der als Leichtgewicht gute Gewinnchancen gegen die Konkurrenz hatte. Er war nur knapp 950 kg schwer – und für die damalige Zeit erstaunliche 45 PS stark, die er aus einem 6,8-Liter-Vierzylinder schöpfte. Mit einem Simplex gewann der Belgier Camille Jenatzy, bekannt als der rote Teufel, 1903 den Gordon-Bennett-Cup. Dieser Sieg brachte 1904 auch das erste Grand-Prix-Rennen nach Deutschland – eine lange Liebe der Deutschen zum Automobilrennsport war geboren.

Doch nicht alle automobilen Versuche in Deutschland führten auch zum Erfolg. 1858 gründete Bernhard Stoewer in Stettin eine feinmechanische Reparaturwerkstatt. Ab 1893 produzierte er Fahrräder, ab 1903 auch Schreibmaschinen. Und 1899 stiegen seine Söhne in die Automobilproduktion ein. Der „Große Stoewer Motorwagen" gehört zu den fortschrittlichsten Fahrzeugen seiner Zeit; angetrieben wurde er von einem 2,1-Liter-Zweizylinder-Motor, die Kraft wurde mit einem Dreiganggetriebe mit Differenzial über Ketten übertragen. Besonderes Aufsehen erregte ab 1906 der P6 mit seinem Sechszylindermotor, bei dem die paarweise gegossenen Zylinder mit seitlichen Ventilen in einer T-Form angeordnet waren. Die Marke wurde mit den besten Herstellern jener Zeit verglichen, bis etwa Mitte der zwanziger Jahre konnte Stoewer auf Augenhöhe mit Maybach und Horch arbeiten; Spitzenmodell war ab 1919 der D7 mit einem 11,2-Liter-Flugzeugmotor – der absolute Superlativ eines Automobils.

Stoewer überlebte sogar die Weltwirtschaftskrise von 1929. Zu einem großen Anteil wurden die Fahrzeuge damals exportiert, bis nach Südamerika und Australien; der Exportanteil lag deutlich höher als die Verkäufe in Deutschland. Die solide Finanzbasis ermöglichte es in der Folge, auch Autos für den Massenmarkt zu produzieren. 1930 begann die Herstellung des frontgetriebenen V5 mit einem 1,2-Liter-Motor, bis 1932 wurden 2100 Stück gebaut, eine beachtliche Zahl; noch erfolgreicher war der R140 mit 1,4-Liter-Motor, von dem in kurzer Zeit 2310 Stück hergestellt und verkauft wurden. Danach gab es wieder größere Fahrzeuge, darunter auch der viel beachtete Greif mit einem 2,5-Liter-V8, der 57 PS stark war und ebenfalls über Frontantrieb verfügte. In den Kriegsjahren kehrte Stoewer mit den Sedina- und Arkona-Modellen wieder zum Heckantrieb zurück.

Ab 1935 wurde Stoewer, wie zahlreiche andere Unternehmen, in die zentral gelenkte Rüstungsproduktion eingebunden. Zwischen 1935 und 1945 wurden 11 000 LEPKW (Leichter Einheits-PKW) produziert, alle für das Militär; das gleiche Modell wurde auch von BMW und Hanomag gebaut. Nach Kriegsende fiel Stettin an Polen – und damit endete auch die Fahrzeugproduktion. Die Werksanlagen wurden demontiert und nach Russland gebracht.

44 Es muss eine sehr reiche Familie gewesen sein, die sich hier im Jahre 1900 mit gleich zwei Fahrzeugen auf einen Ausflug begab. Vorne ein Benz-Rennwagen von 1900 – der Unterschied zum Straßenfahrzeug war noch gering.

44–45 Der Benz Parsifal (12/18 PS) war als Konkurrent zum Mercedes Simplex gedacht und ebenfalls 1902 auf den Markt gekommen. Auch Prinz Heinrich von Preußen gehörte zur Kundschaft von Benz (Daimler-Benz entstand erst 1926).

KAPITEL 2

Qualität als Marken-zeichen

46–47 Die erste Internationale Automobil-Ausstellung fand 1897 im Berliner Hotel Bristol statt. Berlin war Standort der IAA bis 1951, dann wechselte die wohl wichtigste Automesse der Welt nach Frankfurt am Main.

Die Geschichte des Automobils hatte zwar in Deutschland seinen Anfang genommen, doch schon bald mussten die deutschen Hersteller ihre Führungsrolle wieder abgeben. Daran trugen sie selbst einen nicht unwesentlichen Anteil, etwa dadurch, dass Daimler seinen Motor 1889 an den französischen Industriellen Émile Levassor verkaufte. Der war ein cleverer Geschäftsmann, verscherbelte den Antrieb auch an Peugeot, und die beiden Hersteller kamen zusammen auf Verkaufszahlen, von denen Daimler nur träumen konnte. Die deutschen Konstrukteure und Erfinder waren anscheinend mehr darauf versessen, ihre Produkte zu verbessern als zu verkaufen. 1909, als Henry Ford in den USA mit der Massenproduktion seines T-Modells begann, betrug die Jahresproduktion in Deutschland gerade einmal 9444 Fahrzeuge. Doch der Erste Weltkrieg (1914–1918), der die europäische Autoproduktion fast ganz zum Erliegen gebracht hatte, verhalf dem Automobil erstaunlicherweise in Deutschland auch zum Durchbruch: 1921 waren in Deutschland fast 60 000 Fahrzeuge in Betrieb, 1923 bereits über 100 000 Stück, und das, obwohl das Land von einer schweren Inflation gebeutelt wurde (ein Liter Benzin kostete bis zu 686 Mark).

1908 hatte Cadillac in England die Dewar Trophy gewonnen. Drei Fahrzeuge waren komplett auseinandergenommen, die einzelnen Teile vermischt, dann die Autos wieder zusammengebaut worden. Das war für die damalige Zeit eine grandiose Leistung, denn bislang war jedes Auto ein Einzelstück gewesen. Wenn zum Beispiel ein Kolben brach, dann musste man den Motor eigentlich wegwerfen, denn Ersatzteile im heutigen Sinne gab es keine. Cadillac war der erste Hersteller, der dieses Problem erkannte und auch lösen konnte; Cadillac-Gründer Leland hatte sich das Prinzip der passenden Ersatzteile von der Waffenindustrie abgeschaut, wo bei Gewehren und Pistolen schon seit vielen Jahrzehnten nach den Grundsätzen der austauschbaren Teile gearbeitet wurde.

Die Präzisionsarbeit bei Cadillac hatte einen entscheidenden Einfluss auf die Autoindustrie. Und ganz besonders die deutschen Hersteller strebten nach bestmöglicher Qualität. Mercedes, Maybach (seit 1909 selbstständig mit einer eigenen Marke), aber auch Horch, Stoewer und die Fahrzeuge weiterer deutscher Hersteller galten in dieser Frühzeit des Automobils als besonders zuverlässig. Es entspann sich ein Kampf um die Vorherrschaft im obersten Segment und die deutschen Hersteller konnten sich auch gegen Namen wie Rolls-Royce (seit 1906), Isotta-Fraschini (ab 1903), Hispano-Suiza (ab 1904) und Cadillac (ab 1902) gut behaupten. Über die Jahrzehnte wurde der Begriff „Quality made in Germany" schon fast sinnbildlich für höchste Anstrengungen um die verbesserte Zuverlässigkeit für Automobile.

48 und 49 Erst 1919 kam das erste Automobil der Marke Maybach auf den Markt. Doch schnell entwickelte sich das Unternehmen zu einem der bedeutendsten Hersteller von Oberklasselimousinen, wie auch die zeitgenössische Werbung zeigt.

WALTER BIEDERMANN
STUTTGART
Der neue
Maybach
mit Schnellgang

51 oben rechts Obwohl bereits seit 1883 Fotografien auch in Zeitungen abgedruckt werden konnten, gehörten die Zeichnungen noch lange zum guten Ton. Hier ein Beispiel von Herbert Schlenzig für Adler aus dem Jahre 1905.

51 Mitte rechts Die Vorkriegsjahre brachten auch in der deutschen Autoindustrie einige eigenartige (patriotische oder gar nationalistische) Blüten hervor, hier am Beispiel des Emblems eines Adler Standard aus der Mitte der dreißiger Jahre.

Im Jahr 1902 unternahm der deutsche Literat Otto Julius Bierbaum (1865–1910) in einem Automobil eine Reise von Deutschland über Prag nach Wien, dann weiter nach Italien und von dort über die Schweiz wieder zurück nach Deutschland. Bierbaum, bekannt geworden mit dem Roman „Stilpe" (1897), schrieb 1903 über diese Tour ein sehr interessantes Buch mit dem Tite „Eine empfindsame Reise im Automobil".
Seine Fahrt, die ihn unter anderem über den damals noch berüchtigten Gotthardpass in der Schweiz führte, den Bierbaum als erster Automobilist befuhr, hatte er in einem Adler unternommen. Adler hatte bereits ab 1899 Autos gebaut, zuerst eine Voiturette nach französischem Vorbild mit einem De-Dion-Motor. Bierbaum war dann in einem größeren Wagen gefahren, dem ab 1901 gebauten 8 PS, immer noch mit De-Dion-Motor. Erst als 1903 der junge Ingenieur Edmund Rumpler in das Unternehmen eintrat, begann Adler auch mit der Produktion eigener Motoren. 1914, vor Ausbruch des Ersten Weltkriegs, stammten rund zwanzig Prozent der gesamten deutschen Automobilproduktion aus dem Hause Adler in Frankfurt.
Die bekanntesten Modelle der Zwischenkriegsjahre hießen Standard 6 (ab 1926, stark an Chrysler angelehnt), von dem bis 1934 rund 20 000 Stück gebaut und der Achtzylinder Standard 8 sowie der Vierzylinder Favorit abgeleitet wurden. Dann war da noch der berühmte Trumpf, mit Einzelradaufhängung an allen Rädern und Frontantrieb, sowie zwischen 1934 und 1939 der Kleinwagen Trumpf Junior, von dem rund 100 000 Exemplare abgesetzt werden konnten. 1930 hatte der berühmte Leiter des Bauhauses, Walter Gropius, einige Karosserien für Adler entworfen, die allerdings vor den Augen der Kundschaft keine Gnade fanden. Ein typisches Schicksal für Architekten, wie es scheint, denn Le Corbusier hatte mit seinen Vorschlägen für die französische Marke Voisin auch keinen Erfolg.
Nach dem Zweiten Weltkrieg wurden die gesamten Produktionsanlagen von der amerikanischen Besatzungsmacht beschlagnahmt. Das war auch das Ende einer großen Automarke.

50 oben Plakate und Anzeigen für das Automobil waren in den Anfangsjahren noch einiges kunstvoller und innovativer als heute. Hier ein Entwurf für Adler von 1914 – Originale werden heute für viel Geld gehandelt.

50–51 Der Adler Standard, der optisch stark an amerikanische Chrysler-Modelle aus den zwanziger Jahren erinnerte, gehörte in den Zwischenkriegsjahren zu den erfolgreicheren Oberklassemodellen in Deutschland.

51 oben links Und noch eine Grafik von Herbert Schlenzig für Adler, diesmal aus dem Jahre 1910. Das Automobil machte in diesen Jahren große technische Fortschritte, die Karosserieformen hingegen veränderten sich nur wenig.

ADLER

52 oben Der Protos von Koeppen hatte mehrere Tage Vorsprung, als er in Berlin eintraf (hier in der Kochstraße). Der Oberleutnant hatte zu diesem Zeitpunkt noch das Gefühl, er werde in Paris sicher der Sieger sein.

52 unten Der Start des 19 000 Kilometer langen Rennens New York–Paris fand auf dem Broadway statt – und das Publikum strömte in großen Massen, denn ein Autorennen dieser Art hatte es noch nie gegeben.

Die großen Fahrten, wie sie Bierbaum im Adler unternommen hatte und über die damals die Zeitungen gerne in allen Einzelheiten berichteten, waren auch prägend für eine andere deutsche Marke, die heute nicht mehr existiert, aber zu Beginn des 20. Jahrhunderts noch weltberühmt war.

Am 12. Februar 1908 schneite es in New York. In den folgenden Tagen wurde das Wetter noch schlimmer, Blizzards, Schneeverwehungen. Mühsam kämpften sich die sechs Automobile, die am 12. Februar zum Langstreckenrennen von New York nach Paris gestartet waren, vorwärts; dreizehn Fahrzeuge waren gemeldet gewesen, mehr als die Hälfte schaffte es nicht einmal an den Start. Noch gab es kaum Straßen, dafür jede Menge Schlamm.

2000 Kilometer vor San Francisco krachte es im Protos von Hans Koeppen; die Kardanwelle war gebrochen. Mit der Bahn und dem Schiff reiste Koeppen weiter, erst im sibirischen Wladiwostok konnte sein Auto repariert werden. Doch dann ging es im Schnelltempo weiter: Koeppen hängte seine beiden verbleibenden Konkurrenten, einen amerikanischen Thomas und einen italienischen Züst, um Tage ab. Als er am 26. Juli 1908 in Paris eintraf, da war der Thomas noch in Berlin. Und der Züst irgendwo in der ostsibirischen Steppe. Trotzdem erhielt der schwer enttäuschte Oberleutnant den Siegerpokal nicht, dieser ging an George Schuster senior im Thomas; irgendwie noch verständlich, denn Koeppen hatte die Reise ja nicht aus eigener Kraft hinter sich gebracht. Koeppens Buch „Im Auto um die Welt" (1909) ist aber auf jeden Fall lesenswert. Die Reise hatte Koeppen in einem Protos 17/35 PS angetreten, 35 PS stark, wie die Typenbezeichnung schon sagt, ein Vierzylinder mit 4,6 Liter Hubraum. Der Berliner Karosseriebauer Josef Neuss hatte dem Wagen von Koeppen, der heute im Deutschen Museum in München zu bewundern ist, einen speziellen Aufbau verpasst; das Auto, ausgerüstet mit einem 800-Liter-Tank(!), war stolze 2,7 Tonnen schwer und trotzdem deutlich über 100 km/h schnell.

Protos baute Automobile von 1905 bis 1927. Sie galten als sehr zuverlässig, denn in erster Linie stellte das Berliner Unternehmen Lastwagen her; auf diesen Ungetümen basierten auch die Personenwagen. Der E2 mit Sechszylinder-Motor (6,8 Liter Hubraum, 65 PS), gebaut zwischen 1908 und 1914, galt als der Lieblingswagen des deutschen Kronprinzen Wilhelm.

53 oben Der Prinz-Heinrich-Wagen, ein Mercedes von 1910, war zwar optisch sicher keine Glanzleistung, doch unter dem eigenartig geformten Blech arbeitete einer der ersten 4-Ventil-Motoren der Geschichte, 100 PS stark.

52–53 Am 12. Februar 1908 wurde in New York das Rennen nach Paris gestartet. Der Teilnehmer aus Deutschland, ein Protos mit Oberleutnant Hans Koeppen am Steuer, wartet hier in der zweiten Reihe.

Wie der Protos machte auch ein anderes berühmtes Fahrzeug jener Jahre seine Karriere zu einem großen Teil in den USA: der Blitzen-Benz. Seinen schönen Namen hatte er nicht in Deutschland erhalten, sondern in den Vereinigten Staaten: „Lightning Benz" hieß er zuerst, später wurde er tatsächlich mit Blitzen-Benz angeschrieben und sogar mit einem Reichsadler geschmückt.

Die Bezeichnung seiner deutschen Erbauer war so trocken gewesen, wie es halt damals üblich war: Benz 200 PS hieß das Monster ursprünglich.

1909 hatte der Vorstand der Benz & Cie. seinen Konstrukteuren den Auftrag gegeben, ein Automobil zu bauen, das die Marke von 200 km/h knacken konnte. Als Basis nutzte der Konstrukteur den Benz Grand-Prix-Wagen, der 150 PS stark war. Der Hubraum wurde auf 21,5 Liter vergrößert, mit einigen Feinarbeiten kam man auf die angestrebten 200 PS. In seinem ersten Wettbewerb schaffte Fritz Erle den fliegenden Kilometer mit 159,3 km/h. In den Händen von Werksfahrer Victor Héméry kam der Blitzen-Benz am 17. Oktober 1909 auf der gerade neu eröffneten Strecke von Brooklands dann auf 202,7 km/h Durchschnittsgeschwindigkeit für den fliegenden Kilometer. Sehr speziell für die damalige Zeit war die strömungsgünstige, hinten spitz zulaufende Karosserie, die sich Erle und Héméry für ihre Rekordversuche gebaut hatten. Doch es ging noch besser: Der erste Blitzen-Benz wurde 1910 in die USA verkauft (dort erhielt er dann auch erst seinen Namen), und die Rekorde wurden kontinuierlich verbessert. Im März war man schon bei 211,97 km/h angelangt. Am 23. April 1911 erreichte Bob Burman dann in Daytona Beach 228,1 km/h für den fliegenden Kilometer – ein Rekord, der bis 1919 bestehen bleiben sollte.

Insgesamt wurden sechs Blitzen-Benz gebaut. Eigentlich sogar sieben: 1935 wurde aus Ersatzteilen noch ein weiteres Exemplar zusammengeschustert; dieses befindet sich heute im Mercedes-Benz Museum in Stuttgart. Doch nur der erste „Lightning Benz", der 1923 von seinem damaligen Besitzer Graf Louis Vorow Zborowski in seine Einzelteile zerlegt worden war, trug seinen Namen zu Recht, die anderen Exemplare kamen nie über 200 km/h.

54 oben Robert „Bob“ Burman war 1911 der absolute König der Jagd nach Geschwindigkeitsrekorden. Auch auf dem legendären Oval von Indianapolis, wo dieses Bild am 29. Mai 1911 entstand, wurde er einmal mehr zum Sieger gekrönt.

54–55 Stolze 200 PS leistete der Blitzen-Benz von 1909: Der Hubraum betrug gewaltige 21,5 Liter. 1911 schaffte der Wagen in Daytona Beach einen Geschwindigkeitsweltrekord von 228,1 km/h für den fliegenden Kilometer.

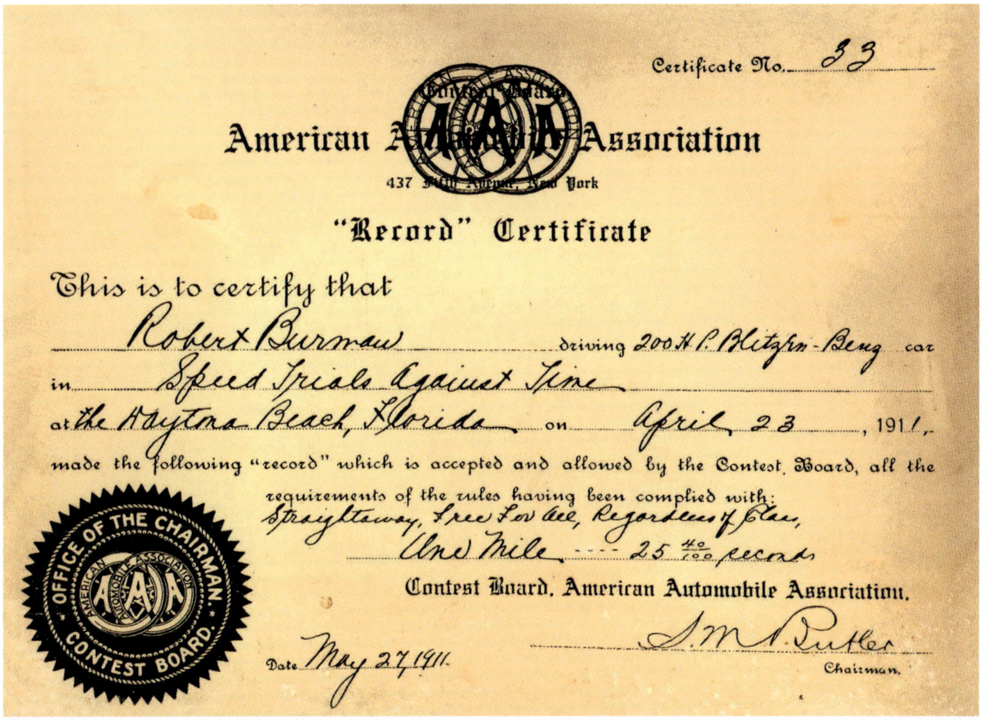

Certificate No. 33

American Automobile Association

437 Fifth Avenue, New York

"Record" Certificate

This is to certify that

Robert Burman driving 200 H.P. Blitzen-Benz car

in Speed Trials Against Time

at the Daytona Beach, Florida on April 23, 1911,

made the following "record" which is accepted and allowed by the Contest Board, all the requirements of the rules having been complied with:

Straightaway, Free For All, Regardless of Class,

One Mile ---- 25 40/100 seconds

Contest Board, American Automobile Association.

OFFICE OF THE CHAIRMAN
CONTEST BOARD
American Automobile Association

Date May 27 1911.

S. M. Butler
Chairman.

55 oben Auch in Europa ging der Blitzen-Benz auf Rekordjagd, hier auf der legendären englischen Rennstrecke von Brooklands. Am Steuer des Fahrzeugs (insgesamt wurden sieben Exemplare gebaut) der ehrenwerte L. G. „Cupid“ Hornsted.

55 Mitte Einer der ersten Auftritte des Blitzen-Benz im Jahre 1909. Der Wagen dürfte nicht ganz einfach zu fahren gewesen sein, 200 PS auf losem Untergrund waren sicher schwierig zu beherrschen, wie das Foto zeigt.

55 unten Mit diesem Zertifikat wurde bestätigt, dass Bob Burman am 23. April 1911 tatsächlich einen Geschwindigkeitsrekord in Daytona Beach aufgestellt hatte. Diese Rekorde brachten damals viel Publicity.

56 oben und 57 oben Der Rumpler-Tropfenwagen war 1921 eine absolute Sensation. Seine Tropfenform war sehr strömungsgünstig, er bot viel Platz, sein V6-Fächermotor zwar außergewöhnlich, doch auch sehr unzuverlässig. Der Erfolg blieb aus.

56–57 1921 konstruierte Ferdinand Porsche den „Sascha". Eigentlich sollte er ein „Volkswagen" werden – klein, leicht, günstig, doch es entstanden nur Rennfahrzeuge, die 1922 einige beachtliche Erfolge feiern konnten.

Noch weit extremer in seiner aerodynamischen Karosserieform als der Blitzen-Benz war ein anderes Fahrzeug, mit dem die deutsche Autoindustrie einige Jahre später auf sich aufmerksam machte. Es stammte aus der Feder von Edmund Rumpler (1872–1940), einem österreichischen Ingenieur, der Eisenbahnwagen, Dampfmaschinen, aber auch Flugzeuge und Automobile konstruierte. Nachdem er 1903 für Adler die erste Schwingachse erfunden hatte, machte er sich 1906 selbstständig, zuerst im Automobilbereich, ab 1908 kam eine Abteilung für den Flugzeugbau dazu. Sein bekanntester fliegender Apparat war die „Taube", die er aber gar nicht selbst erfunden hatte, sondern in Lizenz für den österreichischen Flugpionier Igo Etrich baute (und diesem die Lizenzgebühren nie bezahlte ...).

1921 stellte Rumpler auf der Deutschen Automobilausstellung in Berlin den „Tropfenwagen" vor. Von oben gesehen entsprach die Form des Fahrzeugs tatsächlich einem fallenden Wassertropfen. Wie Volkswagen Jahrzehnte später im Windkanal feststellte, besaß der „Tropfenwagen" einen Luftwiderstandsbeiwert von 0,28. Das erreichte er nicht nur dank seiner strömungsgünstigen Karosserie, sondern auch dank eines glatten Unterbodens. Doch damit nicht genug: Rumpler baute seinem Fahrzeug einen Mittelmotor ein, die Position direkt vor der Hinterachse wurde von ihm als die ideale berechnet. Getriebe und Differenzial wurden dahinter angeordnet, die angetriebenen Räder unabhängig voneinander aufgehängt und gefedert. „Motor" schrieb 1921 über den „Tropfenwagen": „Die vielfach verbreitete Ansicht von einer Unmöglichkeit der Weiterentwicklung des Kraftwagens ist irrig und durch diese Konstruktion widerlegt worden."

Ein Erfolg wurde Rumplers Gefährt trotzdem nicht. Der 6-Zylinder-Fächermotor war unzuverlässig, es gab keinen Kofferraum, die Lenkung schlug aus und die Vorderräder flatterten. Nur als Taxi hatte der Wagen in Berlin einigen Erfolg, weil der Zustieg sehr bequem war. Und im Film machte er Karriere: In Fritz Langs „Metropolis" wurden in der Schlussszene zwei von Rumplers Konstrukten verbrannt. Insgesamt wurden vielleicht 100 Stück des „Tropfenwagens" gebaut, das Deutsche Museum in München und das Berliner Technikmuseum besitzen noch zwei erhaltene Exemplare.

57 unten Wenn auch nur eine Zeichnung, so doch eine klare Aussage: die Strömungsverhältnisse bei einem Rumpler im Vergleich zu einem damals gebräuchlichen Automobil. Der cW-Wert des Rumpler betrug nur 0,28.

Auch wenn heute oft davon zu lesen ist, wie sich deutsche Automobilhersteller gegen chinesische Plagiate wehren müssen – so ganz frei von „Kopien" war auch die deutsche Automobilindustrie nicht. Doch im Gegensatz etwa zum Rumpler verhalfen diese Plagiate der Industrie zum Erfolg.

Das offensichtlichste (und erfolgreichste) Beispiel ist der Opel 4 PS, der zwischen 1924 und 1931 gebaut wurde. Er war das erste deutsche Automobil, das am Fließband produziert wurde – der „Wagen für jedermann", der 4500 Rentenmark kostete. Das war zwar wenig im Vergleich zu den meisten anderen deutschen Fahrzeugen jener Jahre, entsprach jedoch immer noch dem Gegenwert eines Eigenheims. Der 4 PS wurde im Volksmund „Laubfrosch" genannt, weil er klein und grün war, während alle anderen Autos damals eher groß und schwarz waren.

Diese grüne Lackierung war aber auch die auffälligste Änderung gegenüber dem Vorbild, dem Citroën 5CV, der ab 1921 gebaut wurde und zitronengelb lackiert war. Citroën versuchte gerichtlich gegen Opel vorzugehen, doch deutsche Gerichte wiesen den Plagiatsvorwurf wegen einer anderen Form des Kühlergrills zurück. Dass die Kunden aber durchaus gesehen hatten, woher das Original stammte, das zeigt eine deutsche Redensart: „Dasselbe in Grün" dürfte tatsächlich auf den Opel „Laubfrosch" anspielen.

Die ersten „Laubfrösche" (als 4/12 PS bezeichnet) gab es nur mit dem sogenannten Bootsheck und mit Segeltuchverdeck. Später kamen weitere Varianten hinzu; es gab den Opel als Cabrio mit zwei, drei oder vier Sitzen, als drei- oder viersitzige Limousine und sogar als Lieferwagen. Ein 1-Liter-Vierzylinder machte den kleinen Opel bis zu 60 km/h schnell. Es wurden rund 120 000 Exemplare verkauft, ein großartiger Erfolg für die damalige Zeit. 1931 wurde der „Laubfrosch" vom Opel 1,2 Liter abgelöst, der wiederum Vorgänger der berühmten Modelle P4 und Kadett war.

58 Ab 1929 gehörte Opel zu General Motors – und die Marke wurde stark von amerikanischen Errungenschaften beeinflusst, wie etwa dem „Kundendienst", der in Europa in jener Zeit noch so großgeschrieben wurde.

58–59 Dieser Opel 5/14 PS von 1914 trug auch den Beinamen „Puppchen", wohl wegen seiner optischen Ähnlichkeit mit dem berühmteren Wanderer 5/12 PS „Puppchen" von 1912 – und der nicht gerade stabil aussehenden Konstruktion.

59 oben Im November 1935 lief der Opel P4 erstmals vom Band – und im gleichen Jahr konnte Opel erstmals mehr als 100 000 Exemplare produzieren. Der P4 war sehr erfolgreich, hatte aber nur ein kurzes Leben (bis 1937).

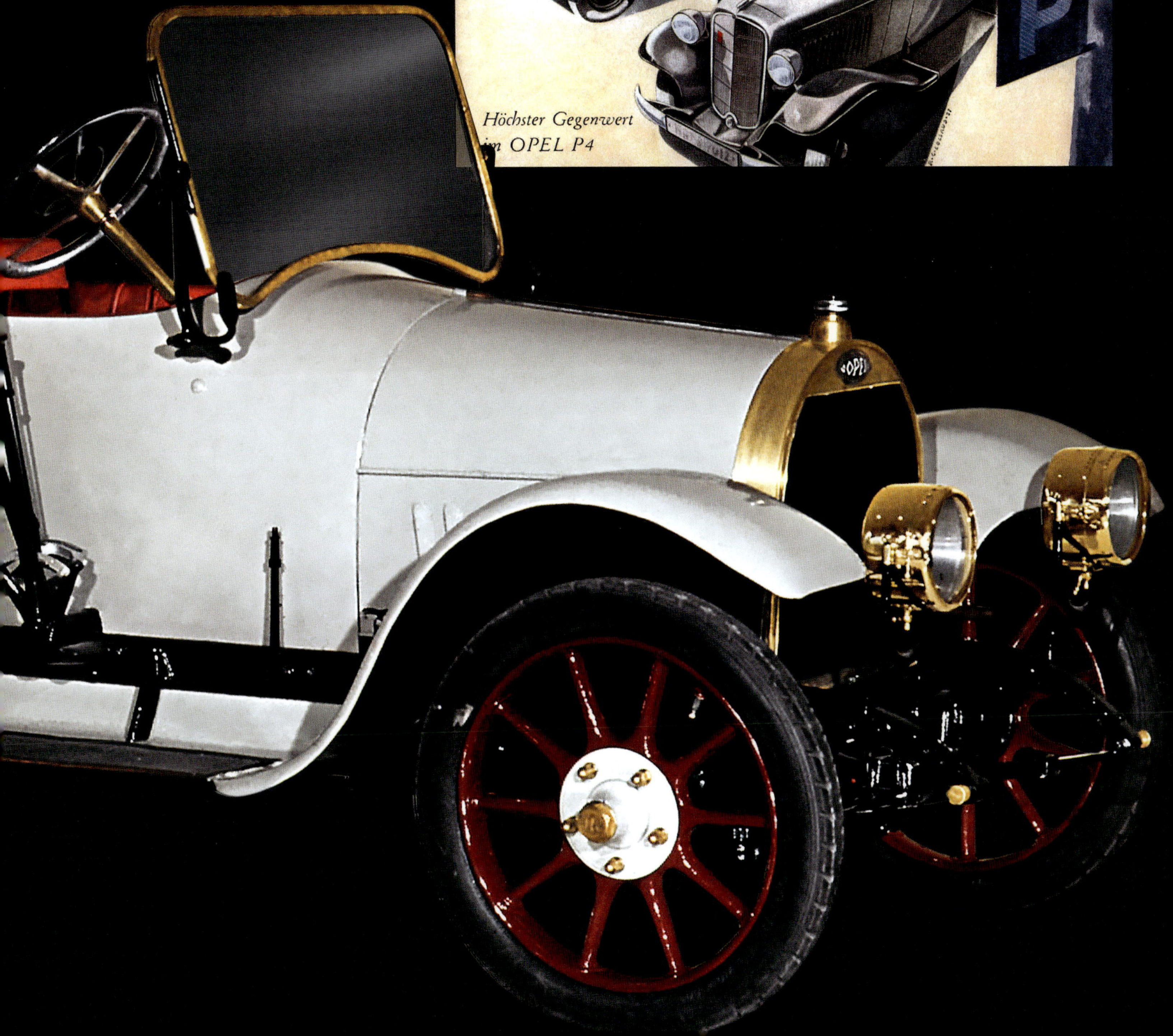

60 oben Die Fahrzeugfabrik Eisenach im Jahre 1919: Vom berühmten Dixi 3/15 sowie von Fließbandarbeit noch keine Spur. Deutschland erreichte das in den USA entwickelte Fließbandkonzept erst Mitte der zwanziger Jahre.

60–61 Die Fahrzeugfabrik Eisenach produzierte zuerst Wartburg, ab 1904 dann Dixi-Modelle – darunter auch herrschaftliche Limousinen und Lastwagen. Dixi heißt auf Lateinisch: Ich habe gesprochen.

61 Eine originale Konstruktionszeichnung eines Austin 7 (1922–1939), die Basis für den ab 1927 gebauten Dixi 3/15 PS. Die deutschen Fahrzeuge wurden wegen der Linkssteuerung komplett seitenverkehrt gebaut, inklusive Motor.

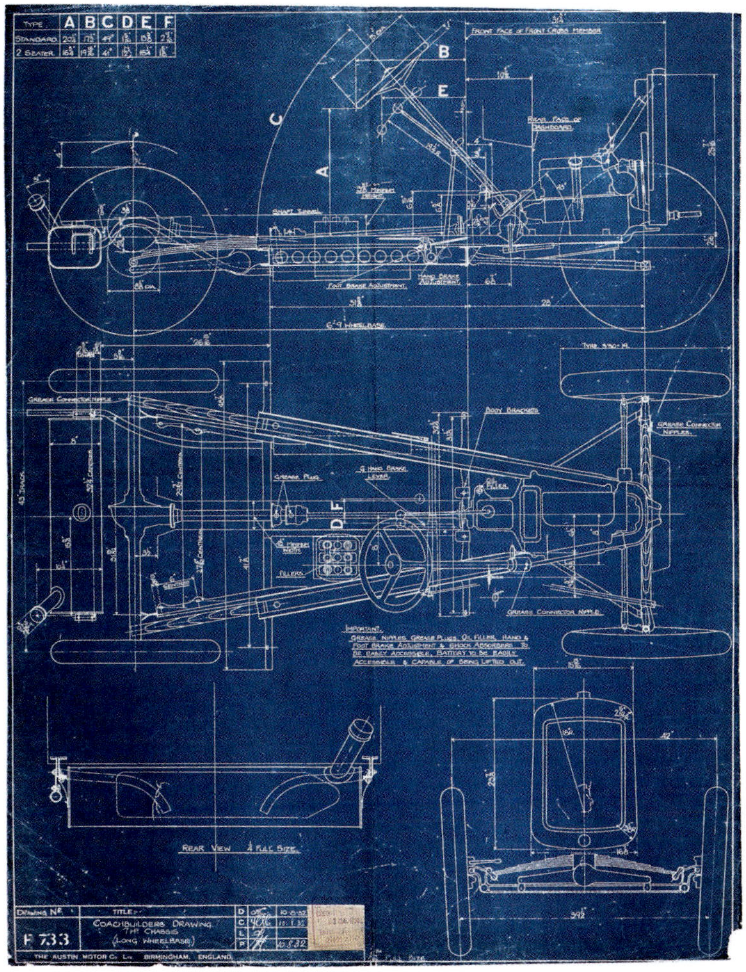

Aber auch der berühmte Dixi von BMW ist keine Eigenkonstruktion. Immerhin wurde hier nicht wie beim Opel „Laubfrosch" frech kopiert, der Dixi (lateinisch: „ich habe gesprochen") mit der Bezeichnung 3/15 der Fahrzeugfabrik Eisenach war ab 1927 eine Lizenzproduktion des Austin 7 (1922–1939), für die auch Gebühren abgeführt wurden. Die ersten Fahrzeuge waren rechtsgelenkt, ab 1928 gab es das Modell 3/15 DA, das nicht allein das Lenkrad auf der linken Seite hatte, sondern für die „Deutsche Ausführung" auch den Motor seitenverkehrt eingebaut erhielt. Dieses Motörchen hatte einen Hubraum von 743 cm3 und war 15 PS stark. Wie ja auch der Name sagt. Platz gab es auf nur 3,25 Metern Länge für zwei Erwachsene und drei Kinder, im Gegensatz zum Austin 7 hatte der Dixi Bremsen an allen vier Rädern.

So sehr der Dixi als erstes Automobil von BMW auch von geschichtlicher Bedeutung sein mag – ein Erfolg war er für die Bayerischen Motoren Werke nicht. Zu günstig war das Fahrzeug, zu schlecht die Verkaufszahlen, zu hoch die Lizenzbeträge, die abgeführt werden mussten (nicht nur an Austin, sondern auch an Rosengart, das die Rechte an der Ganzstahlkarosserie besaß). Erst 1932 folgte die erste eigene Konstruktion eines BMW-Automobils, der 3/20 AM 1 (AM bedeutet Ausführung München).

Vom Dixi gab es auch einen sehr hübschen, kleinen Rennwagen, genannt BMW 3/15 PS DA3 Wartburg. Nur gerade 150 Stück wurden zwischen 1930 und 1932 gebaut, mit 3100 Reichsmark war er verhältnismäßig teuer (die Basisversion kostete aber auch 2500 RM), aber trotzdem ein Anfang für den Sportwagenbau, der später für BMW eine wichtige Bedeutung erhalten sollte. Hübsch waren auch die Versionen der Gebrüder Ihle aus Bruchsal, die dem Dixi ein schönes Roadster-Kleid schneiderten.

62 Eine Werbung für Dixi aus dem Jahre 1917. Das Modell unten ist das große Cabriolet S16. Gezeigt werden Szenen, wie man sie mit einem solchen Fahrzeug erleben konnte. Man dachte damals noch stark in Symbolen.

63 Es waren kunstvolle Zeichnungen, mit denen Mitte der zwanziger Jahre Werbung gemacht wurde (genauer: 1924). Dixi baute immer noch große Limousinen, doch der durchschlagende Erfolg ließ auf sich warten.

6|24 PS.
DIXI
Deutsche
Edelarbeit!
Dixi-Werke
EISENACH.

64 oben Ab 1928 produzierte die Firma Tempo von Vidal & Sohn Dreiräder, die zuerst eine Kombination aus Motorrad und Pritsche waren. In späteren Jahren wanderte das dritte Rad zwecks besserer Lenkbarkeit nach vorne.

64–65 Ein bisschen Blech, ein bisschen Lack, fertig ist der Hanomag! So hieß es im Volksmund, doch der Hanomag 2/10 PS, genannt „Kommissbrot", gebaut von 1925 bis 1928, schaffte den Durchbruch nicht. Hier eine umgebaute Limousine.

65 Auf dem Weg in Schlesiens Berge: ein Apollo von 1913. Am Steuer der Rennfahrer und Konstrukteur Carl Slevogt. Die Marke Apollo produzierte nur bis 1927 Automobile, die allerdings wegen der moderaten Preise und hohen Qualität sehr geschätzt waren.

Alles andere als elegant wie ein Dixi-Roadster war ein anderes Gefährt, das für die deutsche Autoindustrie wichtig werden sollte: das Tempo-Dreirad. Gegründet worden waren die Vidal & Sohn Tempo-Werke 1928 in Harburg. Das erste Fahrzeug, das noch in der väterlichen Kohlehandlung zusammengebaut wurde, war ein ganz simples Dreirad mit einer Ladefläche vor dem Fahrersitz. Doch bald schon wurde die Bauweise geändert, die Ladefläche kam nach hinten, die Führerkabine wurde geschlossen. Ausgerüstet waren diese teilweise sehr mächtigen Konstruktionen von Ein- oder Zweizylindermotoren, die das Vorderrad über das Getriebe und eine Kette antrieben. Deshalb war es auch nötig, den Motor drehbar anzubringen, damit das Vorderrad lenkbar blieb.

Tempo war bekannt für seine reißerischen Werbesprüche: „Tempo, Tempo, schreit die Welt! Tempo, Tempo, Zeit ist Geld!", hieß es etwa. Die Dreiräder waren vor und auch noch nach dem Krieg der Inbegriff für einfachste Handhabung, eine robuste Konstruktion und absolute Betriebssicherheit. Besonders Kleinstunternehmen schätzten die Dreiräder (und später auch noch den vierrädrigen Kleinlaster Matador) deshalb, weil jede nur erdenkliche Art von Aufbauten möglich war. Und weil die Tempo-Dreiräder ausgesprochen wirksame Werbeträger waren.

Und noch etwas darf man im Zusammenhang mit den Tempo-Dreirädern nicht vergessen: Sie waren nach dem Krieg die Vorbilder für die dann gehäuft auftretenden deutschen Kabinenroller. Die Technik mit dem angetriebenen, lenkbaren Vorderrad diente vielen Konstrukteuren als Leitbild.

Ab 1962 fand dieses interessante Kapitel der deutschen Automobilgeschichte seine Fortsetzung in Indien: Tempo-Fahrzeuge wurden dort bis ins Jahr 2000 gebaut, zuletzt mit Lombardini-Dieselmotoren. Einzelne Exemplare fanden den Weg zurück nach Europa. Vor dem Zweiten Weltkrieg existierten in Deutschland viele Automarken, die es heute nicht mehr gibt, an die sich fast niemand mehr erinnern kann. Einige davon haben es aber auf jeden Fall verdient, nicht in Vergessenheit zu geraten.

So etwa Steiger. Gegründet wurde das Unternehmen 1914 in Oberschwaben vom Schweizer Konstrukteur Walther Steiger (1881–1943), der im Ersten Weltkrieg Fahrzeuge und Flugmotoren reparierte. 1920 entstand das Modell 10/50 PS mit einem 2,6-Liter-Vierzylindermotor, dessen Besonderheit seine sogenannte Königswelle war (spiralverzahnte Kegelräder trieben die obenliegende Nockenwelle an). Dieses Fahrzeug galt in seiner Zeit als der fortschrittlichste deutsche Serienwagen und wurde damals gerne mit Bugatti verglichen. Bis 1926 entstanden 3500 Fahrzeuge, doch dann musste die Firma Konkurs anmelden.

Deutlich kleiner fiel der Grade 4/16 PS aus, 1924 der meistverkaufte Kleinwagen in Deutschland. Besonders interessant waren sein bootsförmiger Aufbau sowie ein Zweizylindermotor aus eigener Entwicklung; Hans Grade (1879–1946), Chef seiner eigenen Firma, hatte früher als Flugzeugkonstrukteur gearbeitet. Doch schon 1927, nach rund 2000 gebauten Fahrzeugen, musste das kleine Unternehmen wieder Konkurs anmelden.

Röhr war 1926 gegründet worden. 1927 kam der Röhr 8 auf den Markt, eine durchaus beachtliche Konstruktion, die viel Lob für ihre gute Straßenlage einheimsen konnte. Über die Jahre wurde das Modell ständig verbessert, vor allem die Motorleistung wurde erhöht. Doch bereits 1931 musste Röhr Konkurs anmelden, auch Rettungsversuche mithilfe von Konstruktionen von Professor Ferdinand Porsche brachten nicht den erwünschten Erfolg.

Apollo stellte ab 1903 Motorräder her, ab 1904 eine vierrädrige Voiturette. 1906 kam – noch immer unter dem Markennamen Piccolo – ein Vierzylinder-Modell mit gebläsegekühltem Motor auf den Markt, damals eine kleine Sensation. 1910 taufte sich das Unternehmen in Apollo um, als Konstrukteur konnte der begabte Carl Slevogt gewonnen werden, der auch einige erfolgreiche Rennwagen bauen ließ. Doch an der Verkaufsfront war der Erfolg mager: 1927 wurde die Produktion eingestellt.

Jahre im Rampenlicht, düstere Jahre

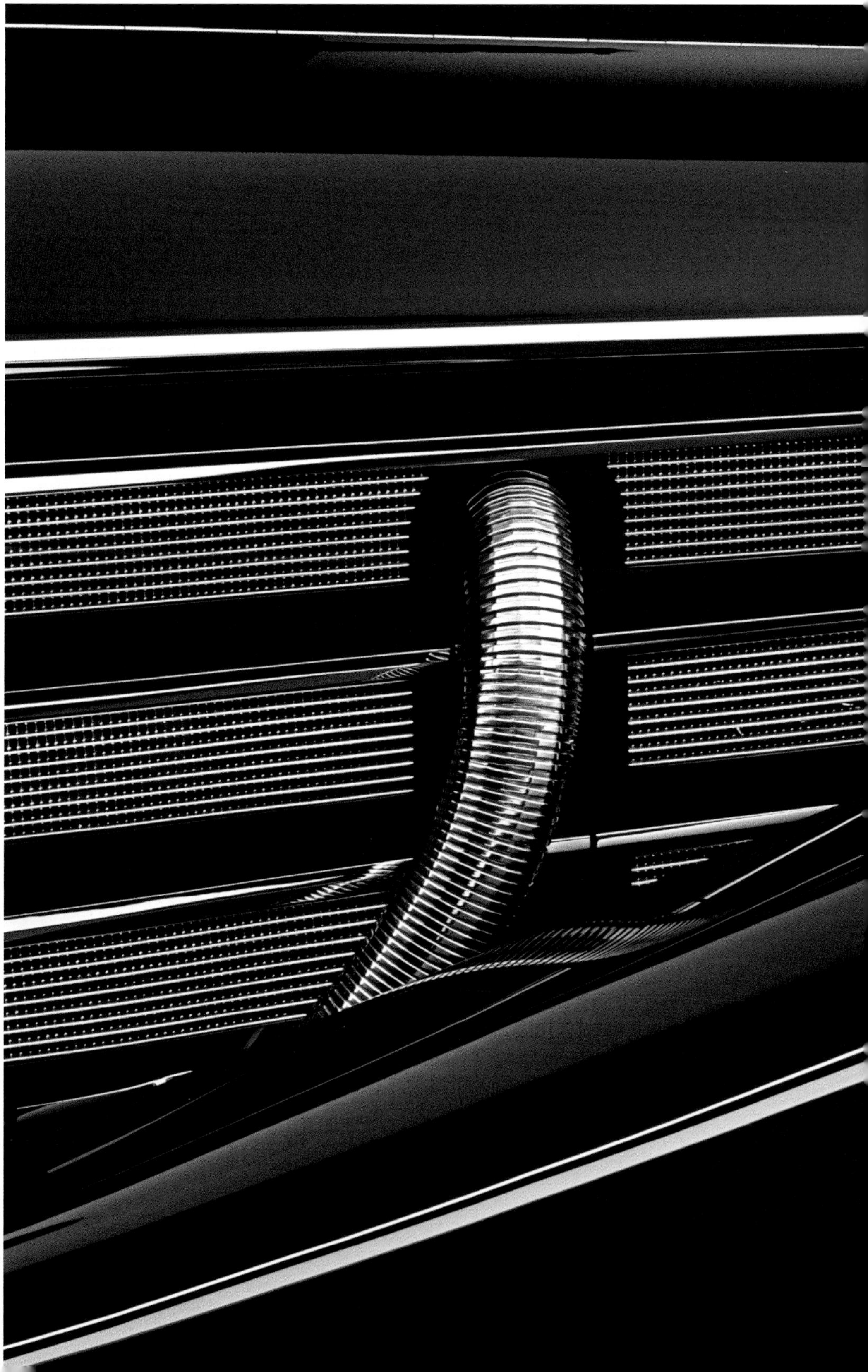

66–67 Detail eines Mercedes 540 K Roadster aus dem Jahre 1938. Der 115 PS starke 540er war vor dem Krieg eines der technisch am besten ausgereiften Fahrzeuge, die Karosserien teilweise sehr elegant.

KAPITEL 3

Obwohl Deutschland den Ersten Weltkrieg verloren hatte und in den Nachkriegsjahren große Opfer bringen musste, erholte sich die deutsche Wirtschaft und Industrie überraschend schnell wieder. 1924 führte Opel die Fließbandproduktion ein (die Henry Ford ab 1913 in der Automobilfertigung eingesetzt hatte), 1926 fusionierten Benz & Cie. und die Daimler Motoren-Gesellschaft zur Daimler-Benz AG, und 1931 kam mit dem DKW F1 das erste serienmäßige Automobil mit Frontantrieb auf den Markt.

Bereits Ende der zwanziger Jahre gehörten die deutschen Automobilhersteller wieder zu den führenden der Welt, Horch, Maybach, Mercedes hatten wieder einen formidablen Ruf und konnten mit den bedeutendsten Namen jener Zeit mithalten.

In den dreißiger Jahren waren die beiden deutschen Hersteller Mercedes und Auto Union auch führend im Rennsport. Von 1934 bis 1939 war die Dominanz absolut, obwohl man gegen so bekannte Marken wie Alfa Romeo und Bugatti antreten musste.

Auch wenn die politischen Hintergründe im damaligen Nazi-Deutschland sicher nicht die ehrbarsten waren, so gilt es doch das Projekt des „KdF"-Wagens („Kraft durch Freude" war der Name der Urlaubsorganisation der Deutschen Arbeitsfront) als wegweisend für die Automobilindustrie zu bezeichnen. 1933 hatte Ferdinand Porsche einen direkten Auftrag von Reichsführer Adolf Hitler angenommen, der die Konstruktion eines „Volkswagens" verlangt hatte. Zwei Erwachsene und drei Kinder sollten darin Platz finden, 100 km/h Höchstgeschwindigkeit erreicht werden; der Verbrauch sollte bei sieben Liter/100 km liegen, der Preis nicht höher als 1000 Reichsmark.

Bis zum Kriegsbeginn 1939 hatten 330 000 Deutsche mit dem Sparen auf einen solchen Volkswagen begonnen; es wurden dafür Sparhefte ausgegeben, die mit Marken vollgeklebt werden konnten. Bei Kriegsbeginn lagen auf einem Konto der Arbeitsbank in Berlin stolze 278 Millionen Reichsmark, was bedeutete, dass viele der Sparer ihre Hefte bereits voll und damit Anspruch auf ein Automobil hatten.

Doch anstatt der versprochenen zivilen Fahrzeuge wurden dann im Volkswagen-Werk im heutigen Wolfsburg (zu dem Adolf Hitler am 26. Mai 1938 persönlich den Grundstein gelegt hatte) nur noch Militärfahrzeuge produziert, vor allem die VW-Kübel- und Schwimmwagen.

68 Einer der drei von BMW 1940 bei der siegreich beendeten Mille Miglia eingesetzten Roadster auf der Basis des Modells 328. Die Rennversionen waren etwa 120 PS stark und schafften bis zu 220 km/h Höchstgeschwindigkeit.

69 oben Adolf Hitler beim Besuch der Automobil- und Motorrad-Ausstellung in Berlin am 20. Februar 1937. Hier begrüßt er die Fahrer des Auto-Union-Rennteams. Das Dritte Reich unterstützte den Motorsport zur Imagepflege.

69 unten Der Hochgeschwindigkeitskurs auf der Berliner Avus war vor dem Zweiten Weltkrieg die wohl berühmteste Rennstrecke in Deutschland. Und zeigt hier ein typisches Bild: Auto Union und Mercedes dominieren.

Wilhelm Maybach (1846–1929) war einer der wichtigsten Autopioniere Deutschlands. Viele Jahre lang war er der Partner von Gottlieb Daimler; begonnen hatte die Zusammenarbeit im Waisenhaus, in dem Maybach aufgewachsen und seine Ausbildung erhalten hatte.

Erst 1909 machte sich Maybach selbstständig, zusammen mit seinem Sohn Karl. Man baute zuerst vor allem Motoren, auch jene für die Zeppelin-Luftschiffe. Erst 1919 kam sein erstes Auto auf den Markt, der W1, noch auf einem Daimler-Chassis; der 1921 vorgestellte W3 war dann eine komplette Eigenkonstruktion. Schnell entwickelte sich die Marke zu einem Statussymbol für die Mächtigen und Reichen, ganz besonders der Zeppelin, der kurz nach Wilhelm Maybachs Tod auf den Markt kam. Angetrieben wurde der Zeppelin von einem 7,9-Liter-Zwölfzylindermotor mit stolzen 200 PS. Damit war das 5,5 Meter lange und fast drei Tonnen schwere Fahrzeug bis zu 170 km/h schnell.

Zwar konnte man die Maybach ab Werk mit einer Karosserie kaufen. Doch wer etwas auf sich hielt in jenen Jahren, der bestellte bei einem namhaften Karossier ein maßgeschneidertes Kleid. Berühmte Namen waren etwa Erdmann & Rossi oder Hermann Spohn, der den wunderbaren Zeppelin DS8 einkleidete, der heute im Mercedes-Benz-Museum in Stuttgart steht.

„Nur Bestes aus Bestem zu schaffen", stand etwa in einem Maybach-Prospekt von 1934, „,... ist der Maybach Zeppelin das Automobil letzter Wunscherfüllung mit ausgeprägtem Charakter von vornehmster Eleganz und Kraft". Kein Wunder, dass auch die obersten Schergen des deutschen Nazi-Regimes gerne Maybach-Automobile fuhren ...

2002 kaufte Daimler den Markennamen Maybach und ließ ihn für seine auf der S-Klasse basierenden Luxusfahrzeuge wieder aufleben. Zu einem großartigen Verkaufserfolg wurden die neuzeitlichen Maybach allerdings nicht; zu profan ist ihr Design, zu abgehoben die Preisgestaltung. Wilhelm Maybach, der so sehr unterschätzte, aber geniale Konstrukteur, hätte wohl keine allzu große Freude an der Renaissance „seiner" Marke gehabt: Ihm war immer daran gelegen, das Außergewöhnliche zu schaffen.

70 oben *Der Maybach Zeppelin war eines der herausragendsten Fahrzeuge der dreißiger Jahre. Angetrieben wurde er von einem 7,9-Liter-Zwölfzylinder, der bis zu 200 PS leistete und den Zeppelin 170 km/h schnell machte. Wer damals etwas auf sich hielt, bestellte bei einem bekannten Karossier einen maßgeschneiderten Aufbau. Die dreißiger Jahre sahen die höchste Blüte dieser schönen Tradition, wie hier an einem Maybach Zeppelin.*

70 unten *Wilhelm Maybach (zweiter von rechts vor einem W3 und seiner Fabrik, etwa 1924/25) gehörte zu den wichtigsten Pionieren der deutschen Automobilindustrie. Sein erstes eigenes Fahrzeug kam erst 1919 auf die Straße.*

71 *Einst führten noch keine Autobahnen über die Alpen, eine Fahrt in die Berge war ein Abenteuer. Kein Wunder, dass Maybach die Kletterfähigkeiten besonders betonte.*

BERGBEZWINGER
MAYBACH 12
TYPE ZEPPELIN
MAYBACH
Maybach-Motorenbau G.M.B.H. Friedrichshafen a.B.
Fernsprecher 174, 230, 231 • Telegr.-Adr.: Maybachmotor
Verkaufsbüros und Vertretungen in Berlin, Dresden, Frankfurt a. M., Köln, Hannover, Stettin, Bremen, Hamburg, München, Nürnberg, Stuttgart, Freiburg, Pforzheim, Danzig, Basel, Zürich, Den Haag, London, Prag, Warschau, Budapest, Wien, Belgrad, New York

72–73 und 73 oben Zusammen mit Horch und Mercedes stellte Maybach in den zwanziger und dreißiger Jahren die absolute Spitze des deutschen Automobilbaus dar. Hier ein sehr schönes Exemplar eines Zeppelin DS8. Obwohl der Wagen fast drei Tonnen schwer war, ließ er sich vergleichweise einfach bedienen. Für Komfort sorgten hydraulische Stoßdämpfer, die Trommelbremsen verzögerten dank eines Unterdruck-Servosystems gleichmäßig. Auch hier wieder gut zu sehen: der extrem lange Radstand von 3,74 Metern. Insgesamt ist der Wagen über 5,5 Meter lang.

ZEPPELIN

55

136

74 oben links August Horch (an den Wagen lehnend) mit einem 11/22 PS mit Vierzylinderreihenmotor, und zwar in der Ausführung von 1906, als Horch die Herkomer Fahrt mit diesem Wagen für sich entscheiden konnte.

74 oben rechts August Horch (sitzend, mit Mütze und Brille) mit den ersten Mitarbeitern, die er 1899 für seine neue Fabrik in Köln-Ehringfeld eingestellt hatte. Horch war ein weiterer wichtiger Autopionier Deutschlands.

74–75 August Horch, hier am Steuer eines 11/22 PS, ausgerüstet mit einem 2,7-Liter-Vierzylindermotor. Das Fahrzeug wurde bei der ersten Prinz-Heinrich-Fahrt von 1908 eingesetzt, konnte aber keinen Blumenstrauß gewinnen.

Auch August Horch (1868–1951) war wie Wilhelm Maybach einer der ganz großen Namen der deutschen Automobilgeschichte. Horch besaß nie einen Führerschein. Und trotzdem war er einer der umtriebigsten Pioniere der deutschen Autoindustrie. Schon 1900 baute er sein erstes Automobil, angetrieben von einem sogenannt „stoßfreien" Motor. 1903 stellte er das erste deutsche Fahrzeug mit einem Vierzylindermotor auf die Räder, bereits 1907 entwickelte er einen Sechszylindermotor.

Doch August Horch hatte auch seine Probleme. 1909 musste er sein eigenes Unternehmen verlassen, um kurz darauf eine neue Firma zur Herstellung von Automobilen zu gründen. Aber bei der Namensgebung gab es Rechtsstreitigkeiten. Die Legende sagt, dass ein zufällig anwesender Lateinschüler Horch aus der Patsche geholfen habe – der Imperativ Singular von horchen, hören (lateinisch: audire) lautet „audi"! Doch auch bei Audi blieb Horch nur bis 1922. Nach dem Zweiten Weltkrieg wurde er dann nochmals aktiv bei der Renaissance der Marke Auto Union.

Horch als Automarke entwickelte sich ohne seinen Namensgeber bestens weiter. Der Höhepunkt war das Modell 850, das 1935 auf den Markt kam. Angetrieben wurde dieses Luxusauto von einem 4,9-Liter-Achtzylinder, der stolze 100 PS leistete. Der Wagen wurde kontinuierlich weiterentwickelt, erhielt ein Overdrive-Getriebe (mit einem zweiten Schalthebel), eine Doppelgelenkachse hinten und einen stärkeren Motor (120 PS). So ziemlich alle Karosserievarianten waren möglich, vom zweisitzigen Roadster (855, auch mit verkürztem Radstand) bis hin zum sechssitzigen Tourenwagen 951. Die Horch jener Zeit konnten nicht ganz mit den großen Mercedes- und Maybach-Limousinen mithalten, doch sie waren technisch sehr fortschrittlich und außerdem sehr zuverlässig.

75 oben Ein Horch-Roadster mit Spezialkarosserie aus den dreißiger Jahren. Was die Zeichner dazu bewegte, die Fahrzeuge so gestreckt erscheinen zu lassen, lässt sich heute nicht mehr nachvollziehen.

75 Mitte Und noch eine Zeichnung, die der Wirklichkeit nicht unbedingt entsprach: Man beachte die riesigen Frontleuchten und die im Vergleich dazu sehr kleinen Räder. Auch der Radstand war nicht realitätsgetreu.

75 unten Eine Illustration des Berliners Casparry von einer Horch-Limousine. August Horch war schon 1909 aus der Firma ausgeschieden, die Höhepunkte des Ruhms der Firma seines Namens erlebte er nicht mehr mit.

Heute glaubt man gerne, dass Mercedes-Benz immer schon die ultimative Luxusmarke Deutschlands gewesen sein muss. Doch es war nicht so, nur langsam tastete sich die Marke mit dem Stern an die Sphären von Maybach und Horch heran. Den ersten Schritt machte der Mercedes S, der 1926 als sportliche Ableitung des Modells K auf den Markt kam. Angetrieben wurde die Baureihe W06 von einem 6,8-Liter-Sechszylinder, der 120 PS entwickelte; dank eines Roots-Kompressors konnte die Leistung kurzfristig auf 180 PS gesteigert werden. Der SS, ab 1928 gebaut, war dann mit Gebläse schon 200 PS und in seinen letzten Versionen gar 225 PS stark. Diesen Motor gab es auch für den SSK, was so viel bedeutet wie „Supersport kurz": Der Radstand des SSK betrug nur 290 cm, beim SS waren es doch beachtliche 340 cm.

Doch das berühmteste Modell dieser Reihe war sicher der SSKL (WS06 RS), der vom SSK abgeleitet war; SSKL heißt „Supersport kurz leicht". Der Wagen war nicht nur 200 kg leichter als der SSK, sondern auch entscheidend stärker motorisiert. Die Leistung betrug offiziell 240 PS, mit Roots-Gebläse 300 PS; die erste Zahl ist aber nur eine theoretische, denn beim SSKL war der Kompressor ständig zugeschaltet. Dieser Wagen, der etwa 235 km/h erreichte, begründete den Ruhm von Mercedes im Rennsport; der berühmteste Pilot war Rudolf Caracciola. Insgesamt entstanden rund 300 Fahrzeuge dieser Reihe.

76 unten Die Mercedes SS (intern: W06) wurden ab 1928 gebaut. Es waren sehr leistungsfähige Sportwagen mit Sechszylindermotor und einem Kompressor, der die Leistung kurzfristig auf bis zu 200 PS erhöhen konnte.

76–77 Das Montageband des Mercedes Nürburg, auch bekannt als 460 (intern: W08). Er war ab 1928 das erste Achtzylindermodell der Marke – und darf als erstes „Papamobil" gelten, weil Papst Pius XI. einen geschenkt erhielt.

P7
P4

78 unten Genauso stellt man sich den typischen SSK vor. SSK bedeutet „Supersport kurz“, kurz deshalb, weil diese Fahrzeuge auf einem Fahrgestell mit „nur“ 2,95 Meter Radstand konstruiert wurden.

78–79 Ein schönes, klassisches Exemplar eines Mercedes S aus dem Jahre 1927, in einem für die damalige Zeit typischen Weiß. Diese Fahrzeuge erzielen heute sehr hohe Sammlerpreise – so denn jemals eines auf den Markt kommt.

80–81 Eine außergewöhnliche Karosserie für einen S aus dem Jahre 1929; die Scheibenräder waren Ende der zwanziger Jahre groß in Mode. Auch hier handelt es sich um ein mächtiges Fahrzeug für einen Zweisitzer. Ungewöhnlich für einen S ist, dass er nur über einen Abgasschlauch verfügt. Das macht den Wagen aber in diesem Fall sicher nicht weniger elegant. Geradezu kurios der Handscheinwerfer auf der Fahrerseite.
Jeder Zylinder des 6,8-Liter-S-Motors ist mit zwei Zündkerzen ausgestattet, also einer Doppelzündung, die sowohl von der Batterie als auch einem Zündmagneten betrieben wurde.
Geschaltet wurde über ein Vierganggetriebe.

82 Ein elegantes Titelblatt des Magazins „Motor und Sport", das die internationale Bekanntheit der Mercedes-Fahrzeuge aufzeigen sollte. Abgebildet ist ein Mercedes Typ Mannheim (intern: W10).

83 Eine der bekanntesten Werbeanzeigen der zwanziger Jahre, die „Frau in Rot" der Agentur Offelsmeyer Cucuel, erschienen in „Elegante Welten". Das Inserat galt dem Mercedes S, auch bekannt als 6/120/180 PS.

MERCEDES
BENZ
MERCEDES-BENZ

Der direkte Nachfolger der S/SS/SSK/SSKL wurde 1934 auf der Berliner Automobilausstellung vorgestellt und hieß 500 K; die interne Baumusterbezeichnung, wie es so schön heißt bei Daimler-Benz, lautete W29. Es gab drei verschiedene Fahrgestelle, die kurze Version mit einem Radstand von 298 cm, die normale Version mit 329 cm und eine Version mit ebenfalls 329 cm, aber zurückversetztem Motor. Angetrieben wurden die 500 K von einem 5-Liter-Achtzylinder, der relativ bescheidene 100 PS leistete; wie beim W06 war der Motor mit einem Roots-Gebläse verbunden, mit dem sich die Leistung auf 180 PS steigern ließ. Eine der vielen technischen Besonderheiten waren die hydraulischen Bremsen mit Saugluftunterstützung an allen vier Rädern. Schon 1936 wurde in Paris der Nachfolger vorge-

84 oben Mercedes-Benz hatte sich in den dreißiger Jahren einen ausgezeichneten Ruf erarbeitet, und das nicht nur mit seinen Serienprodukten, sondern auch auf der Rennstrecke, welche die „Silberpfeile" lange dominieren konnten.

84–85 Ein traumhaft schöner Mercedes 540 K aus dem Jahre 1937. Diese Wagen stellten Ende der dreißiger Jahre wohl das Optimum des technisch Machbaren dar, waren sehr zuverlässig, sehr schnell – und sehr teuer.

stellt, der 540 K. Der Hubraum steig auf 5,4 Liter, die Leistung im Normalbetrieb auf 115 PS. 1939/40 wurde dann auch noch ein 580 K erprobt (es soll zwei Exemplare gegeben haben, 5,8 Liter Hubraum, 130/200 PS), doch zu einer Serienfertigung kam es nach dem Ausbruch des Zweiten Weltkriegs nicht mehr.

Auch wenn Daimler heute nicht gern an seine „braune" Vergangenheit erinnert wird, die 540 K hatten eine besondere Bedeutung im Dritten Reich. Nach dem Attentat auf Reinhard Heydrich im Mai 1942 in Prag bestellte die Reichsführung zwanzig gepanzerte 540 K, die als zweitürige Limousinen gebaut wurden (ähnliche Fahrzeuge gab es auch vom Typ 770 von Mercedes). Ebenfalls an die Reichsführung geliefert wurde rund ein Dutzend 540 K mit verlängertem Radstand (388 cm), die als Tourenwagen mit sechs Sitzen ausgebaut waren. Diese Fahrzeuge verfügten hinten über eine sogenannte De-Dion-Doppelgelenkachse (Standard war eine Pendelachse), vorne über eine Starrachse. Vom 500 K wurden 342 Stück gebaut, vom 540 K 419 Exempla-re; die Bücher von Mercedes sind da wie immer sehr genau.

Einer der schönsten W29 war der sogenannte „Autobahnkurier". Nur gerade zwei Stück wurden gebaut, einer existiert noch heute.

86 und 86–87 Über die Jahre schwappte eine weitere Modewelle über den Großen Teich nach Europa: Chrom. Er galt als ein Zeichen von Reichtum – doch wer ein Fahrzeug wie diesen 540 K sein Eigen nannte, der nagte sowieso nicht am Hungertuch. Das lange, fließende Heck war absolut typisch für die späten dreißiger Jahre. Sinnvoll oder praktisch war es beim besten Willen nicht, die Fahrzeuge besaßen keinen Kofferraum und waren sehr leicht auf der Hinterachse.

88–89 Feinste Handwerksarbeit im Innenraum eines 540 K aus dem Jahre 1937. Besonders auffällig ist das gebürstete Aluminium rund um die Armaturen, ein Detail, das sich auch heute wieder großer Beliebtheit erfreut.

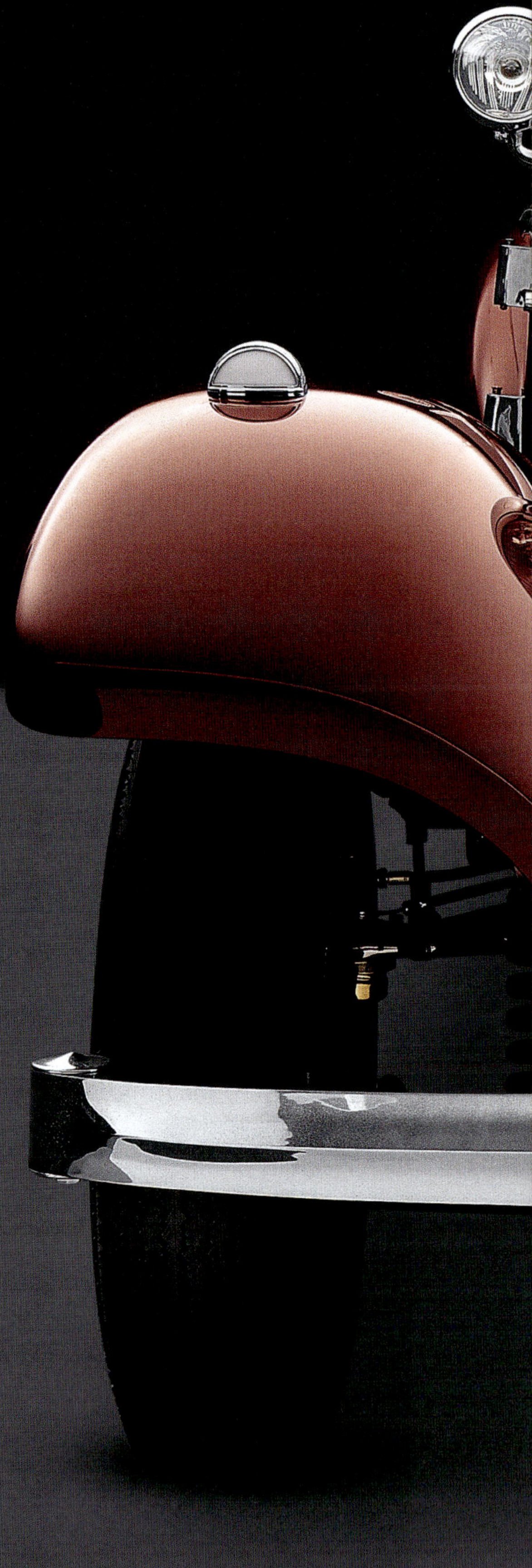

MERCEDES
BENZ

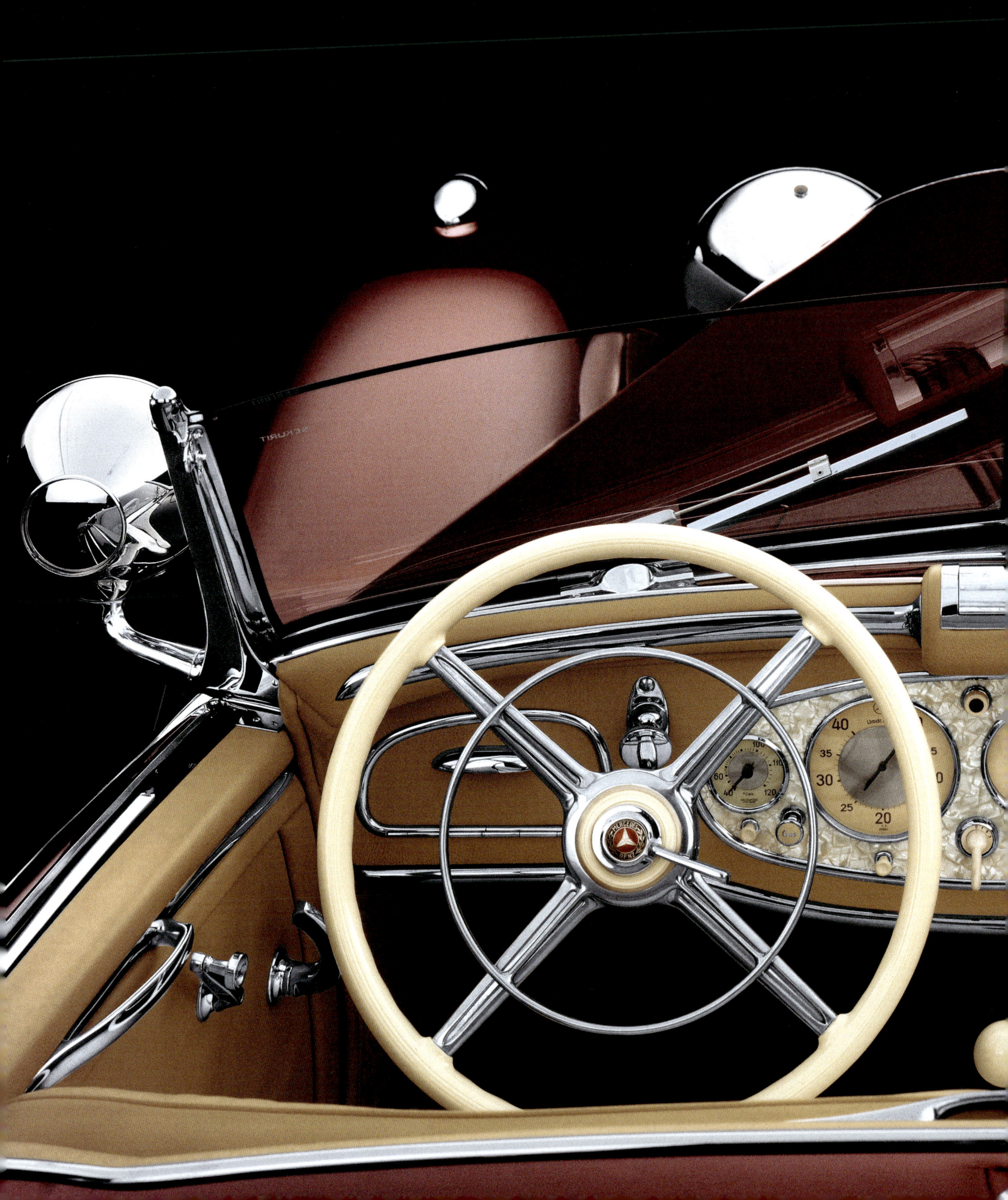

40
35
30
25
20
Gas

200
Km
0
20
40
60
80
100
120
140
160
180
Start

92 oben Ein schönes Detail aus dem Innenraum eines Adler 2,5 Liter Cabrio. Die Gänge wurden über eine sogenannte Revolverschaltung gewechselt, die ziemlich viel Fingerspitzengefühl bei der Bedienung verlangte.

92–93 und 93 oben links Der Adler 2,5 Liter entstand nach einem Entwurf von Karl Jenschke, der vorher bei der österreichischen Steyr-Daimler-Puch beschäftigt war und dor mit dem „Steyr-Baby" ein ganz ähnliches Fahrzeug entworfen hatte.

Es gab den Adler 2,5 Liter, ebenfalls bekannt als Typ 10, auch als zweitüriges Cabrio. Die Frontscheiben ließen sich aufklappen – was allerdings der Sinn dieser Übung hätte sein sollen, ist nicht so ganz klar.

93 oben rechts Der Adler 2,5 Liter kam 1937 zu einem unglücklichen Zeitpunkt auf den Markt. Mit seiner Stromlinienkarosserie war er der Zeit zu weit voraus. Er trug den Beinamen „Autobahn-Adler", weil er bis 150 km/h schnell war.

40
60
80
VDO
VOLL
3/4
KRAFT-
STOFF
1/2
1/4
LEER
5
4
3
2
1
0
OEL
20
100
Km
0
120

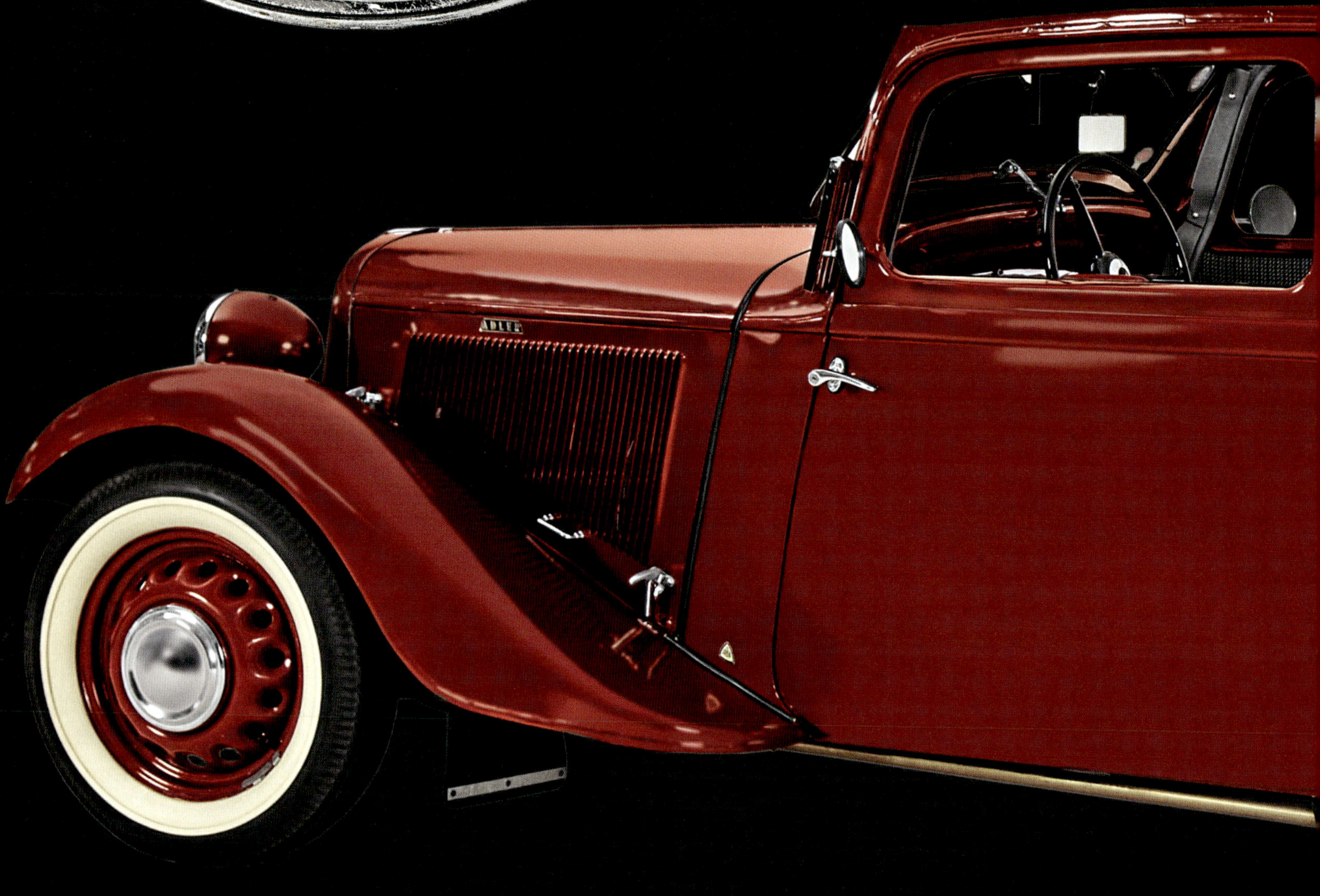

94 oben Vor dem Zweiten Weltkrieg war Adler eine der fortschrittlichsten Marken, was sich auch bei der Gestaltung der Armaturen zeigte: Es gab dekorative Elemente, während andernorts meist nur klassische Rundinstrumente Verwendung fanden.

94–95 Der Adler Trumpf Junior, gebaut ab 1934, war der kleinere Bruder des Trumpf. Er verfügte auch über Frontantrieb, war jedoch nur mit einem 1-Liter-Motörchen ausgerüstet, das zwischen 25 und 28 PS leistete.

96 oben 1937 trat Adler mit dem Trumpf beim 24-Stunden-Rennen von Le Mans an. Die Fahrzeuge wurden mit einer stromlinienförmigen Karosserie versehen; Orssich/Sauerwein schafften den Klassensieg und den sechsten Gesamtrang.

96–97 Insgesamt wurden sechs Stromlinien-Trumpf gebaut; die Konstruktion stammte von Freiherr Reinhard von König-Fachsenfeld, der an Erkenntnisse des Aerodynamikers Paul Jaray anknüpfte. Heute existieren noch drei dieser Fahrzeuge.

97 oben Von diesem Stromlinienfahrzeug gab es auch noch einen Rekordwagen sowie ein ähnliches Fahrzeug für den Direktor der Adler-Werke, Erwin Kleyer. Der später berühmte Fritz Huschke von Hanstein steuerte auch ein solches Fahrzeug.

34
ADLER Klassen=Sieg beim schwersten Sportwagen=Rennen der Welt in Le Mans, Frankreich, 19./20. Juni 1937

98 und 99 Man mag es kaum glauben, doch das Ding fuhr wirklich, wie auch das zeitgenössische Foto beweist. Der Opel RAK2 mit Fritz von Opel am Steuer erreichte am 28. Mai 1928 mit 238 km/h einen neuen Weltrekord.

Doch so sehr auch (und nicht nur) in Deutschland an der ständigen technischen Verbesserung der Fahrzeuge gearbeitet wurde, die berühmtesten Automobile jener stürmischen Vorkriegsjahre waren allesamt Rennwagen. Selbstverständlich dienten die Rennwagen auch als Versuchslabore; viele der technischen Neuerungen flossen später in die Serienproduktion ein, doch der Rennsport diente den Firmen (und auch den Machthabern des Dritten Reichs) vor allem als gute Plattform zur Selbstdarstellung. (Internationale) Rennerfolge galten damals als ausgezeichnete Werbung; das hat sich bis heute nicht geändert.

Den falschen Weg schlug Opel ein. Zusammen mit dem Astronomen und Publizisten Max Valier forschte man ab 1927 in Rüsselsheim an einem Raketenantrieb. Die ersten Versuche mit zwei Raketen, die an einen Opel Laubfrosch montiert wurden, gingen ziemlich schief: Der Wagen kam in 35 Sekunden nur gerade 150 Meter weit. Zum Glück hatte diese Fahrt unter Ausschluss der Öffentlichkeit stattgefunden. Doch am 11. April 1928 wagte sich Opel mit einen RAK1 genannten Fahrzeug vor ein größeres Publikum. Der Wagen mit seiner abenteuerlichen aerodynamischen Verkleidung und Kurt Volkhart am Steuer schaffte auch tatsächlich 100 km/h, doch dann blieb er stehen, weil von den zwölf angebrachten Raketen nur sieben gezündet werden konnten. Für Opel war dies trotzdem ein Erfolg, man hatte beweisen können, dass Raketen etwas taugten; Firmenchef Fritz von Opel kündigte weitere Forschungen an und sprach schon von der bemannten Raumfahrt.

Dass es Fritz von Opel ernst war, das bewies er gleich selbst am 28. Mai 1928, und zwar vor den Augen von etwa 2000 geladenen Gästen. Auf der Berliner Avus zündete er am Steuer des RAK2 insgesamt 24 Pulverraketen mit je 120 Kilogramm Sprengkraft – und fuhr damit 238 km/h schnell! Knapp drei Minuten dauerte das Spektakel, der sprichwörtliche Ritt auf der Kanonenkugel war somit Tatsache geworden.

OPEL RAK 2

OPEL RAK 2
ANDER

Der RAK1 von Opel war weiß lackiert; Weiß ist die traditionelle Farbe deutscher Rennwagen. Doch 1934 tauchten erstmals die zwei damals die oberste Rennsportklasse beherrschenden Mercedes-Benz und Auto Union in silberner Lackierung auf. Schnell war in der deutschen Presse die Rede von den „Silberpfeilen" (Mercedes-Benz) und „Silberfischen" (Auto Union). Wie es aber dazu kam, zu dieser silbernen Farbe, das ist nicht ganz geklärt.

Die schönste Geschichte geht so: Im Oktober 1932 hatte die internationale Sportbehörde verfügt, dass das Maximalgewicht für Formel-Rennwagen für die Jahre 1934 bis 1936 nur noch 750 kg betragen dürfe. Nach dieser Vorgabe entwickelte Mercedes den W25, der jedoch bei der technischen Abnahme zum Eifelrennen auf dem Nürburgring am 3. Juni 1934 nicht die geforderten 750, sondern 751 kg gewogen habe. Mercedes-Rennleiter Alfred Neubauer sei außer sich gewesen, habe gerufen: „Jetzt sind wir die Gelackmeierten." Das wiederum soll den Mercedes-Piloten Manfred von Brauchitsch auf die Idee gebracht haben, doch den weißen Lack abzuschleifen, um das geforderte Gewicht zu erzielen. Dabei sei dann das silbern glänzende Alublech zum Vorschein gekommen. Von Brauchitsch, der das Rennen damals gewonnen hatte, hat diese Legende kurz vor seinem Tod bestätigt. Sicher ist auch, dass der Begriff der „Silberpfeile" nach jenem Rennen im Juni 1934 erstmals in der Presse auftauchte.

Andere Quellen sind aber der Meinung, dass der W25 von Anfang an silbern lackiert gewesen sei. Wie es sich nun wirklich verhält, das wird sich wohl nie klären lassen. Sicher ist aber, dass der W25 der Beginn einer neuen Ära im Rennsport markierte. Die Rennsportbehörden hatten mit der 750-Kilo-Formel die Höchstgeschwindigkeiten eindämmen wollen, doch damit genau das Gegenteil erreicht. Mercedes hatte für die Saison 1934 einen neuen Rennmotor entwickelt, mit 3,4 Liter Hubraum, acht Zylindern, selbstverständlich Kompressor. Geplant gewesen war eine Leistung von etwa 280 PS, doch schon in der ersten Ausführung kam man auf 354 PS – eine Literleistung von deutlich über 100 PS. In den folgenden zwei Jahren wurde an dem knapp über 200 kg schweren Aggregat fleißig weitergearbeitet, die letzte Ausbaustufe schaffte 1936 schier unglaubliche 494 PS aus 4,7 Litern Hubraum. Sechzehn Siege bei Grand Prix und anderen bedeutenden Rennen konnte der W25 einfahren.

Für 1937 musste Mercedes einen neuen Rennwagen entwickeln. Der W125 sah zwar seinem Vorgänger sehr ähnlich, doch Ingenieur Rudolf Uhlenhaut revolutionierte mit einer einfachen Idee die Fahrwerksabstimmung: Nicht mehr hart gefedert und relativ weich gedämpft, sondern weich gefedert und hart gedämpft ging der W125 ins Rennen. Das tat er sehr erfolgreich, nur beim letzten Rennen der Saison im englischen Donington musste Mercedes dem Auto Union von Bernd Rosemeyer den Vortritt lassen. Der W125 war ein fantastisches Renngerät: Fahrbereit mit Fahrer wog er 1097 Kilo, dies inklusive der 240 Liter Treibstoff (der zu 88 Prozent aus Methylalkohol und 8,8 Prozent Aceton bestand). Rund 100 Liter dieses Gemischs pro 100 Kilometer verbrauchte das auf 5,7 Liter Hubraum angewachsene Achtzylinderaggregat, das in seiner letzten Ausbaustufe 646 PS stark war.

Schon im September 1936 hatte die AIACR (Association Internationale des Automobile Clubs Reconnus) das Reglement für 1938 bekannt gegeben. Maximal 3 Liter Hubraum mit Aufladung, 4,5 Liter Hubraum ohne

100 oben *Der Große Preis von Italien von 1934 fand am 9. September in Monza statt. Luigi Fagioli (im Bild) und Rudolf Caracciola wechselten sich am Steuer eines Mercedes W25 ab und konnten gemeinsam den Sieg erringen.*

101 *Beim Großen Preis von Deutschland am 25. Juni 1937 auf dem Nürburgring erkämpfte sich Bernd Rosemeyer auf Auto Union zwar noch die beste Startposition, doch das Rennen ging klar an die Silberpfeile von Mercedes.*

100 unten *Schon 1935 hatte der Grand Prix der Schweiz bei Bern in strömendem Regen stattgefunden. „Regenmeister" Caracciola gewann bei solchen Verhältnissen fast immer, auf nasser Straße konnte er sich nur selbst schlagen.*

Grosser Preis von Deutschland
1937
Ein Doppelsieg von Mercedes-Benz
Erster: Rudolf Caracciola
mit einem Stundendurchschnitt von 133,2 km
Zweiter: M. v. Brauchitsch
mit einem Stundendurchschnitt von 132,7 km
(6. Christian Kautz 7. Hermann Lang)
Alle Wagen waren ausgerüstet mit Continental-Reifen, Bosch-Kerzen und Bosch-Zündung
MERCEDES-BENZ
Herausgeber: DAIMLER-BENZ AG.
Druck: Chr. Belser AG, Stuttgart

35
31

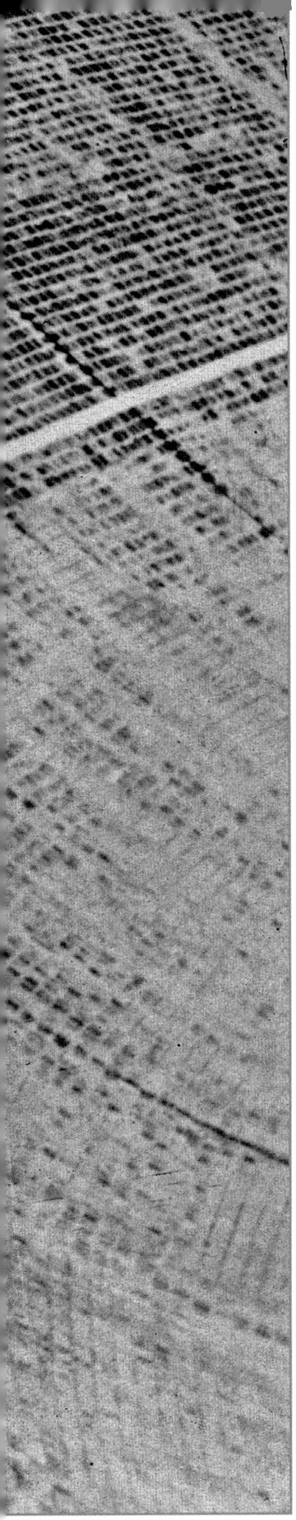

102–103 Beim Avus-Rennen am 30. Mai 1937 gewann weder Caracciola noch Rosemeyer: Vor 400 000 Zuschauern ging der Sieg an den Mercedes-Piloten Hermann Lang, der schon erste Saisonrennen gewonnen hatte.

Aufladung; Mindestgewicht zwischen 450 und 800 Kilo je nach Klasse. Mercedes dachte über vieles nach, auch einen Heckmotor, sogar über einen W-24-Saugmotor mit drei Bänken mit je acht Zylindern. Man entschied sich für einen V12-Zylinder mit vier Ventilen pro Zylinder, mit 3 Liter Hubraum und zwei Kompressoren. 1938 lag die Leistung zwischen 430 und 474 PS, was Hermann Lang auf der legendären Strecke von Reims 283 km/h schnell machte. Erstmals verwendete Mercedes ein Fünfganggetriebe für die Kraftübertragung. Der W154 wurde zum bislang erfolgreichsten Silberpfeil: 1938 wurde Rudolf Caracciola Europameister, Mercedes gewann drei von fünf Rennen. 1939 gab es das gleiche Ergebnis, nur wurde Hermann Lang Europameister.

Ein kleines Detail noch: Der Fahrer saß beim W154 nicht in der Mitte, sondern leicht seitlich rechts neben der Kardanwelle, die direkt neben ihm verlief. Für eine bessere Balance wurde über den Beinen des Fahrers ein zusätzlicher Satteltank angebracht.

Ein Silberpfeil aus den Vorkriegsjahren wird von der Geschichtsschreibung gerne vergessen: der W165 von 1939. Er wurde nur für ein einziges Rennen gebaut, den Großen Preis von Tripolis von 1939. Dort ging es nicht um Titel, sondern nur um Ruhm und Ehre; die Fahrer liebten den dreizehn Kilometer langen Rundkurs. In nur acht Monaten wurde ein neues Auto entwickelt, denn in Tripolis wurde nach der Voiturette-Formel (1,5 Liter Hubraum) gefahren. Der W165 orientierte sich deutlich am W154, war einfach eine kleinere Ausgabe (368 cm lang, Radstand 245 cm; beim W154 betrugen diese Maße 425/273 cm). Als Motor diente ein V8 mit 1493 cm3 Hubraum, der dank zweier Kompressoren 254 PS stark war.

102 unten Die Operation „Wüste" gelang: Hermann Lang konnte das Rennen von Tripolis gewinnen, vor Caracciola, beide in einem W165. Erst auf dem dritten Platz folgte Villoresi auf einem der favorisierten Alfa Romeo Tipo 158.

103 Mercedes-Mechaniker arbeiten im Mai 1937 an einem W125. Renningenieure hatten für dieses Fahrzeug das Fahrwerk revolutioniert: Der Silberpfeil war ziemlich weich gefedert, dafür hart gedämpft.

104 oben Am 11.11.1936 stellte Rudolf Caracciola mit diesem aerodynamisch verbesserten Mercedes-Rennwagen einen 10-Meilen-Geschwindigkeitsrekord auf, die Durchschnittsgeschwindigkeit betrug beachtliche 337 km/h.

104 Mitte Das Fahrzeug, mit dem Caracciola 1936 verschiedene Geschwindigkeitsrekorde brechen konnte, basierte auf dem erfolgreichen Grand-Prix- Wagen W25, dessen 8-Zylinder-Kompressormotor fast 500 PS leistete.

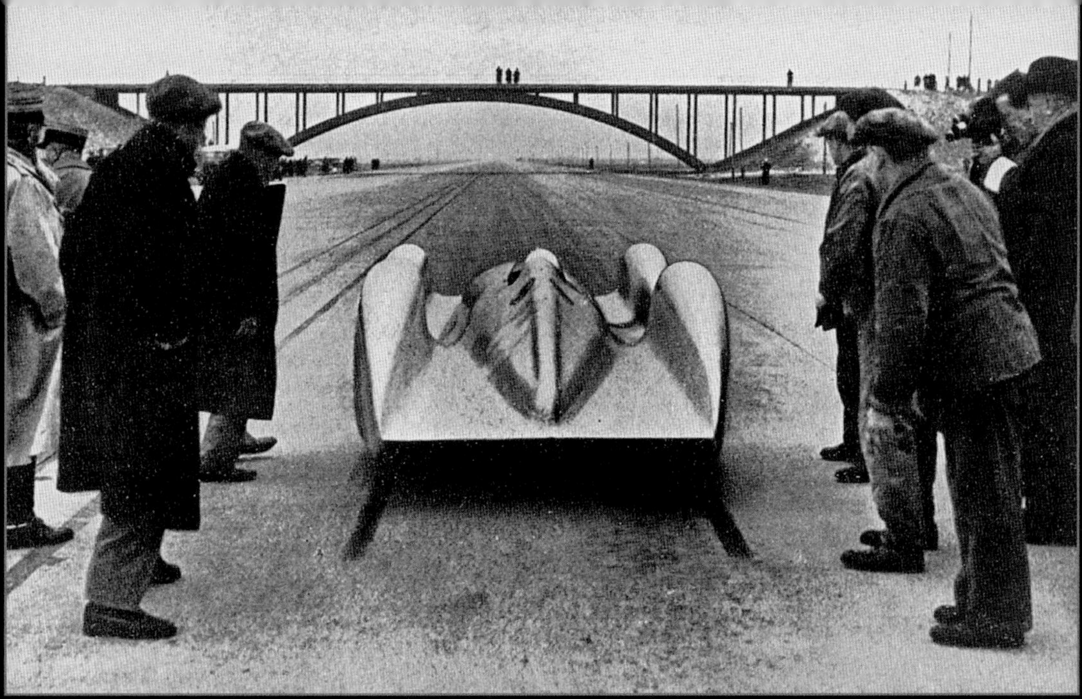

104–105 Am 9. Februar 1939 erzielte Rudolf Caracciola mit diesem „Rekordwagen" (W154 mit 3-Liter-Kompressormotor) zwei Weltrekorde mit stehendem Start: 175,695 km/h für den stehenden Kilometer, 204,57 km/h für die Meile.

105 oben Die neuen Autobahnen des Dritten Reichs eigneten sich perfekt für Rekordfahrten. Hier im Bild Caracciola in seinem W154-Rekordwagen auf der Reichsautobahn zwischen Dessau und Bitterfeld im Februar 1939.

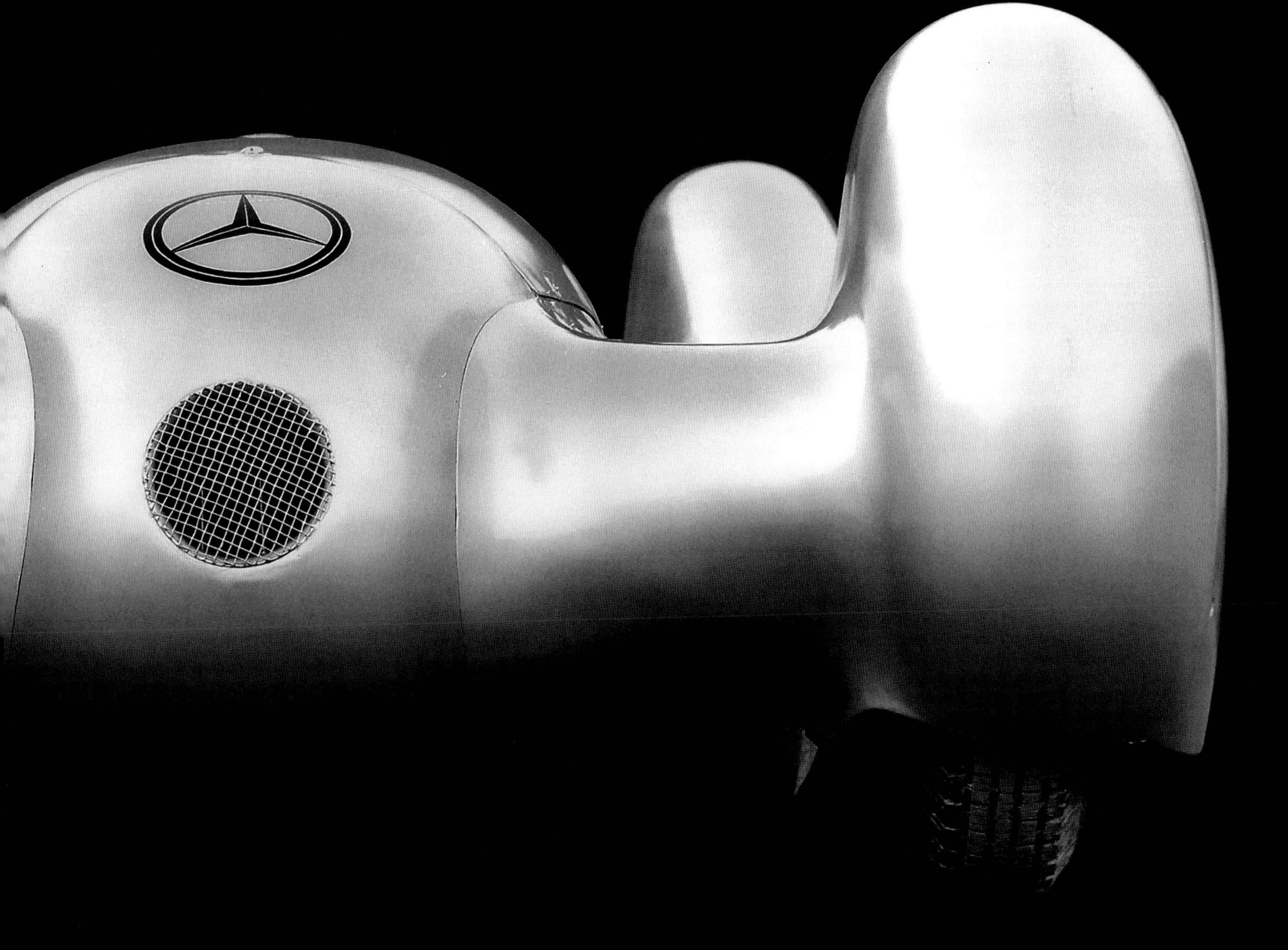

106 Die Gesinnung in Deutschland Ende der dreißiger Jahre war sehr nationalistisch, wie dieses Titelbild von „Motor und Sport" vom Februar 1938 beweist. Im Zentrum ein Rennwagen von Auto Union, dahinter ein NSU-Motorrad.

106–107 Hans Stuck auf Auto Union fuhr am 22. Oktober 1934 auf der Berliner Avus eine ganze Reihe von neuen Geschwindigkeitsrekorden (fünf, um genau zu sein). Das Fahrzeug war der von Porsche konstruierte Rennwagen.

Die Silberpfeile der Vorkriegsjahre hatten einen (fast) gleichwertigen und interessanten Gegner: Auto Union. Entstanden war der Wagen schon im Herbst im Kopf von Dr. Ferdinand Porsche, der unbedingt ein Fahrzeug für die ab 1934 geltende 750-kg-Formel bauen wollte, doch selber nicht die finanziellen Möglichkeiten besaß. 1933 kam es zu ersten Kontakten mit Auto Union, wo man Porsche die Pläne für 75 000 Reichsmark abkaufte, nachdem man gehört hatte, dass Mercedes auch antreten würde. Gebaut wurde der sogenannte P-Wagen (P für Porsche) in der Rennabteilung von Horch in Zwickau; Porsche war auch mit im Boot, stieg ab 1937 mit dem Ende der 750-kg-Formel jedoch wieder aus. Interessant war die Arbeitsweise von Porsche, der nicht in Zwickau arbeiten wollte: Er schickte die jeweiligen Konstruktionspläne für die einzelnen Teile an Robert Eberan von Eberhorst, der sie auf Tauglichkeit prüfte und dann in die Produktion gab. Von Eberhorst war nach dem Ausscheiden von Porsche dann verantwortlich für die Konstruktion des Typ D, der 1938/39 eingesetzt wurde.

Eine Besonderheit der ersten Auto-Union-Rennwagen waren die 16-Zylinder-Motoren. 1934 schaffte der Typ A mit einem Hubraum von 4,4 Litern 295 PS; das Drehmoment lag bei ausgezeichneten 530 Nm bei 2700 U/min. Der Typ B erhielt dann einen 5-Liter-16-Zylinder-Motor (375 PS), der wieder mittig angeordnet war. Auch der Typ C, der in der Rennsaison 1936 mit Bernd Rosemeyer am Steuer der erfolgreichste Rennwagen war und die Mercedes-Silberpfeile so sehr in Grund und Boden fuhr, dass sich die Stuttgarter noch während der Saison aus dem Rennbetrieb zurückzogen, war mit der Porsche-Konstruktion bestückt, die aus einem Hubraum von jetzt sechs Litern eine Leistung von bis zu 520 PS zog; das maximale Drehmoment lag bei brachialen 853 Nm bei 2500 U/min.

A
16

108–109 und 109 Der Typ D war die letzte Ausbaustufe (1938/39) des Grand-Prix-Rennwagens von Auto Union. Das Fahrzeug wurde von einem 3-Liter-Zwölfzylinder angetrieben, der dank zweier Roots-Gebläse 485 PS stark war.

Der Rennwagen von Auto Union war ursprünglich von Ferdinand Porsche konstruiert worden, doch der Typ D wurde von Robert Eberan von Eberhorst entwickelt. Von Eberhorst arbeitete später für Porsche, ERA und Aston Martin.

Vom Typ C entstand auch ein sogenannter Bergrennwagen, der mit seinen Zwillingsreifen an der Hinterachse eine sehr auffällige Erscheinung war. Der Typ D wurde dann mit einem 3-Liter-Zwölfzylinder ausgestattet, der dank Zusatzausrüstung mit zwei Roots-Gebläsen 485 PS leistete.

Während Mercedes auf verschiedene starke Fahrer zählen konnte, war es bei Auto Union ein Fahrer, der die großen Erfolge einfuhr: Bernd Rosemeyer. Rosemeyer hatte als Motorradrennfahrer angefangen, sein erstes Rennen auf vier Rädern bestritt er erst 1934. Der große Blonde war einer der Helden der deutschen Vorkriegsjahre, war mit der Fliegerin Elly Beinhorn verheiratet und fürchtete sich vor gar nichts. Am 26. Oktober 1937 schaffte er als erster Mensch eine Höchstgeschwindigkeit von über 400 km/h auf einer öffentlichen Straße. Am 28. Januar 1938 verunglückt er auf einer weiteren Rekordfahrt auf der Autobahn Frankfurt–Darmstadt tödlich: Mit über 440 km/h wurde er in seinem Auto Union Typ R (Rekordwagen) von einer Windbö erfasst und überschlug sich mehrmals.

110 oben links Ein interessantes Zusammentreffen nach der Mille Miglia: Drei BMW 328, links der Roadster, in der Mitte das siegreiche Touring-Coupé und rechts der sogenannte 328 Kamm, ein Prototyp für aerodynamische Versuche.

110 oben rechts Das siegreiche, wunderschöne Touring-Superleggera-Coupé auf Basis des BMW 328 überquert 1940 die Ziellinie der Mille Miglia, am Steuer Huschke von Hanstein (Beifahrer Walter Baumer).

110–111 Der BMW 328 hatte seinen ersten Auftritt bei einem siegreich beendeten Rennen auf dem Nürburgring Ende 1936. Bis 1940 entstanden nur gerade 464 Exemplare des Sportwagens, dessen 2-Liter- Sechszylinder 80 PS leistete.

112–113 Der Sieg bei der Mille Miglia von 1940 war natürlich ein guter Hintergrund für die BMW-Werbung. Man darf allerdings nicht vergessen, dass 1940 keine ernsthafte Konkurrenz am Start war, sodass der BMW-Sieg von Anfang an feststand.

Nicht in der obersten Rennklasse, aber ebenfalls sehr erfolgreich war ein weiterer deutscher Sportwagen jener Vorkriegsjahre, der BMW 328. Auf Basis des viersitzigen 326 war der 328 1937 auf den Markt gekommen; erstmals zu sehen gewesen war er schon beim Eifelrennen 1936 auf dem Nürburgring, in dem Ernst Henne einen souveränen Klassensieg erreichte. Das filigrane, nur knapp über 800 kg schwere Fahrzeug wurde von einem 2-Liter-Sechszylinder angetrieben, der 80 PS leistete. Damit war der Wagen, der stolze 7400 Reichsmark kostete, in seiner Serienversion doch 150 km/h schnell. Neben der zweisitzigen Roadsterversion gab es noch weitere Aufbauten von deutschen Karosserieschneidern, am bekanntesten sind wohl die zwei stromlinienförmigen Coupés, die bei Wendler in Reutlingen entstanden.

Der BMW 328, von dem bis 1940 nur gerade 464 Stück gebaut wurden, war vor und auch nach dem Krieg ein erfolgreicher Sportwagen für anspruchsvolle Herrenfahrer; nach dem Krieg bauten Hersteller wie Veritas und Bristol auf Basis des 328 neue Rennmodelle.

Der berühmteste 328 trägt noch die Buchstabenkombination MM in seinem Namen. 1939 ließ BMW vom Mailänder Karosseriebauer Touring eine sogenannte Superleggera-Karosserie auf das Chassis des 328 schneidern, um damit beim 24-Stunden-Rennen von Le Mans anzutreten. Seinen größten Erfolg feierte der 328 MM aber bei der Mille Miglia (von dort stammt auch sein Name) im Jahre 1940. Lediglich ein Mal auf einem Rundkurs ausgetragen (sonst fand das Rennen immer auf öffentlichen Straßen zwischen Brescia–Rom–Brescia statt), konnten Huschke von Hanstein und Walter Bäumer einen souveränen Sieg herausfahren. Insgesamt hatte BMW fünf Fahrzeuge zu diesem Rennen gemeldet, zwei Touring-Coupés und drei Roadster; einer dieser Roadster schaffte den guten dritten Rang. Diese Rennausführungen des 328 waren gut 120 PS stark, als Höchstgeschwindigkeit wurden bis zu 220 km/h erreicht. Die früheren Modelle des 328, 327 und vor allem 326, waren, zumindest was die Verkaufszahlen betrifft, weitaus erfolgreicher als der 328. Vom 326 (einer Limousine) wurden von 1936 bis 1941 gut 15 936 Stück verkauft. Der 327 (seit 1937 als Cabrio und seit 1938 als Coupé auf dem Markt) hatte den gleichen Sechszylinder-1,9-Liter-Motor (50 PS) wie der 326, aber sein Fahrgestell war beträchtlich verbessert worden. Es kamen ein kürzerer Kastenrahmen, Torsionsstabfedern an der Hinterachse, die durch eine untenliegende Blattfeder geführte Vorderachse und Hydraulikbremsen zum Einsatz.

BMW
2 Ltr Sport
Der erfolgreiche d

tsche Sportwagen

114 oben und 114–115
Der BMW 327 war die Coupé-Version des 1936 vorgestellten 326 und kam 1938 auf den Markt; schon 1937 gab es ein hübsches Cabriolet mit der gleichen Bezeichnung. Angetrieben wurde der 327 von einem 1,9-Liter-Sechszylinder. Der 327er basierte auf einem im Vergleich zum 326 leicht verkürzten Kastenrahmen und verfügte über neuartige Torsionsfederstäbe an der Hinterachse. Beachtlich: das verdeckt angebrachte Reserverad.

115 oben Die Schnittzeichnung eines BMW 327. Obwohl das Fahrzeug immerhin 1,6 Meter hoch war, konnte es nicht mit übermäßiger Kopffreiheit überzeugen. Und die Innenraummaße waren für heutige Verhältnisse sehr beengt.

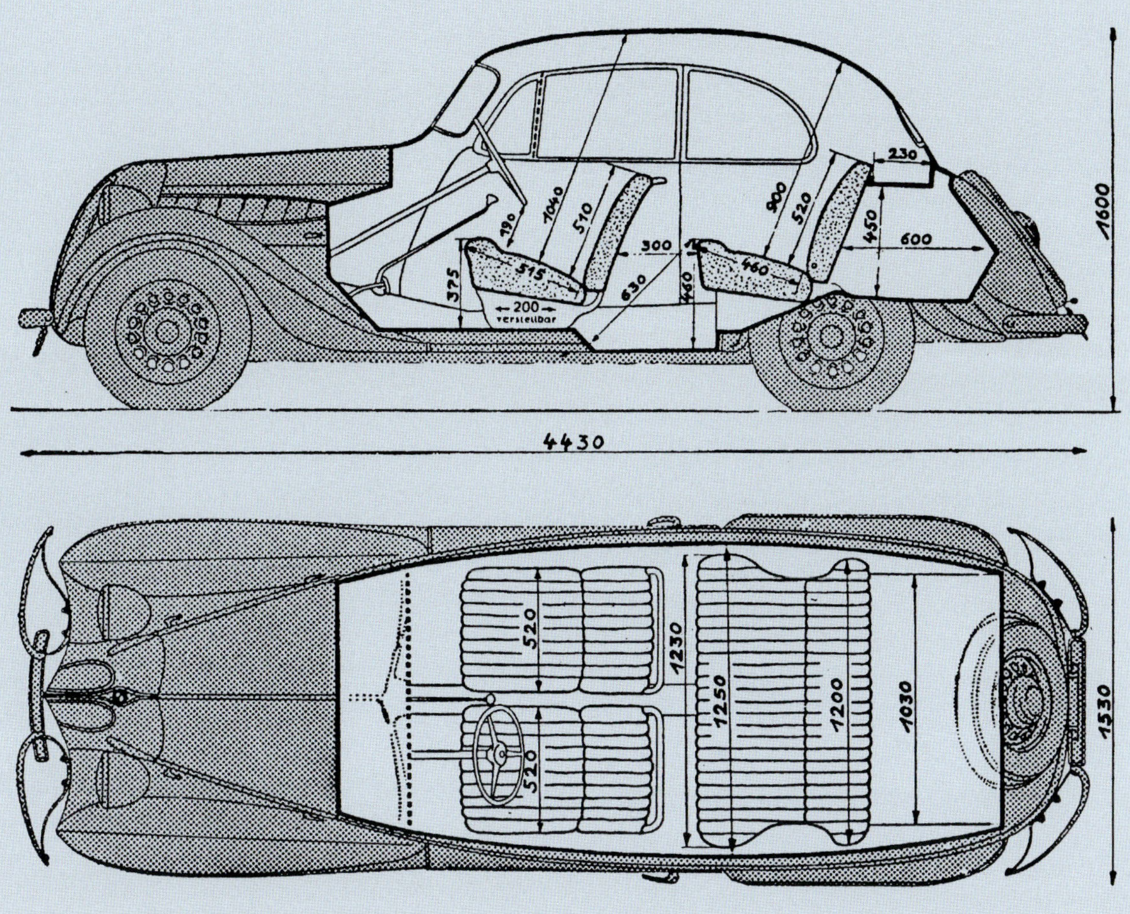

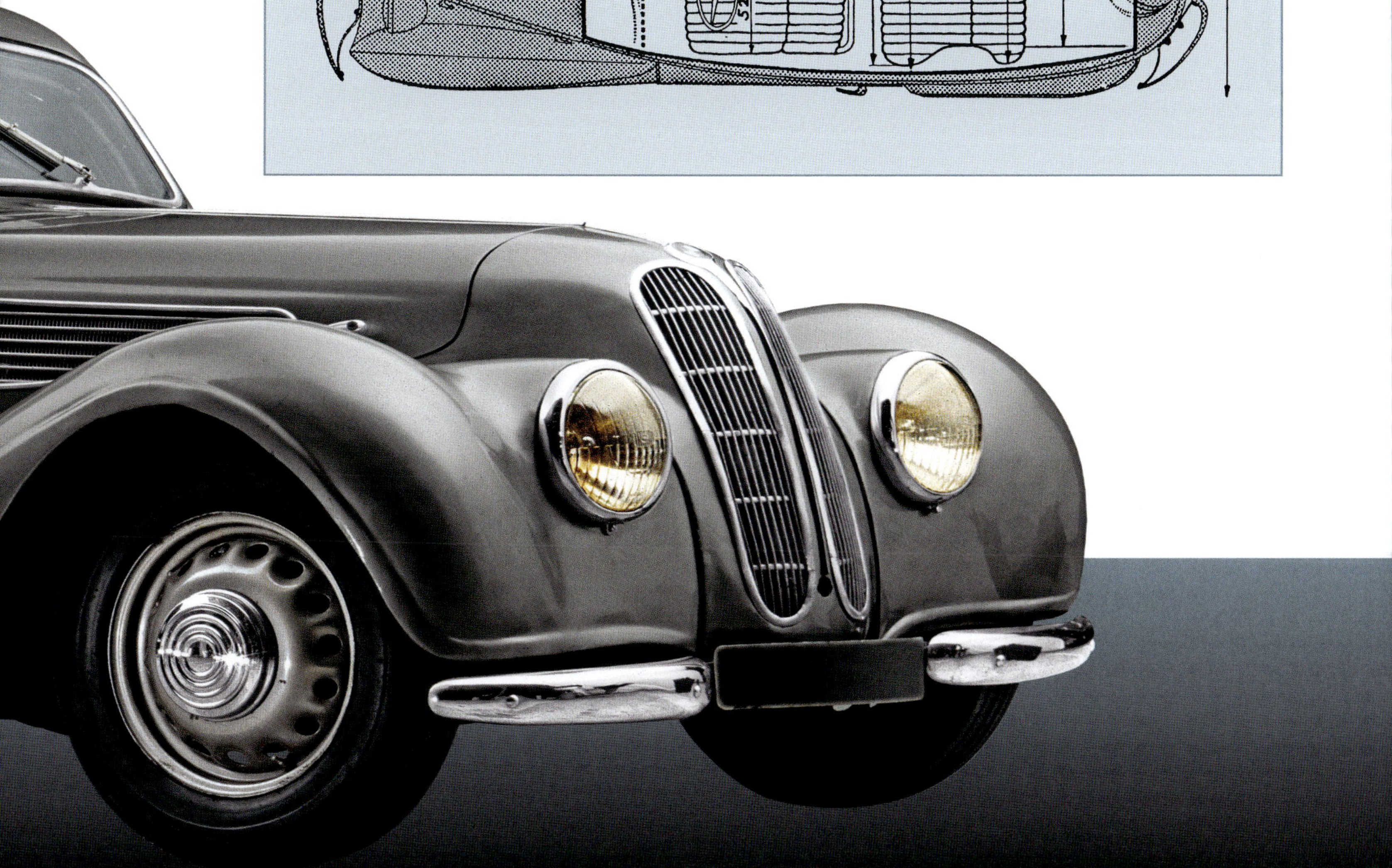

Aber die Zeiten wurden immer dunkler in Deutschland: Nicht mehr in schicke Luxuswagen oder starke Rennwagen wurde investiert, auch das eigentlich großartige Projekt des KdF-Wagens (aus dem nach dem Krieg dann der VW Käfer wurde) wurde nicht weiter vorangetrieben. Stattdessen erhielt Ferdinand Porsche im Jahre 1938 den Auftrag, den KdF-Wagen für eine militärische Verwendung weiterzuentwickeln. Die Voraussetzungen waren klar: 550 Kilo Gewicht, 400 Kilo Zuladung, geringe Produktionskosten und die Möglichkeit zur Herstellung großer Stückzahlen. Ende 1939 liefen die ersten Prototypen. Seine typische, kantige Karosserie mit der abklappbaren Frontscheibe erhielt das Fahrzeug mit dem nächsten Prototypen, Typ 62 geheißen. Nachdem noch die Bodenfreiheit sowie das Drehmoment des Motors erhöht worden waren, gab das Oberkommando der Wehrmacht bereits Anfang 1940 den Startschuss zur Produktion des nunmehr Typ 82 genannten Fahrzeugs.

Doch wie kam der Typ 82 zu seinem viel bekannteren Namen „Kübelwagen"? Um ein möglichst geringes Gewicht zu erreichen, wurde bei der Konstruktion von leichten Geländewagen für militärische Zwecke gerne auf die Türen verzichtet. Damit die Insassen aber bei der Fahrt nicht aus dem Auto fielen, wurden dafür tiefe Sitzschalen montiert. Die wiederum aussahen wie Kübel. Und daraus wurde dann der Kübelwagen. Das hatte beim VW nur den kleinen Schönheitsfehler, dass dieser bekannteste aller Kübelwagen sehr wohl über Türen verfügte. Und die Sitze waren keine Schalen, sondern mit Federn bespannte Rohrgestelle mit einer gepolsterten Auflage.

Der Typ 82 wurde von einem 985 cm3 großen, luftgekühlten Boxermotor angetrieben, der 23,5 PS leistete. Dank des geringen Gewichts reichte diese Leistung vollkommen aus; der Kübelwagen war auch ohne Allradantrieb absolut geländetauglich. Trotzdem wurde noch während des Kriegs auch eine Version mit 4 x 4 entwickelt, der Typ 87. Ab 1943 erhielt der Kübelwagen einen etwas stärkeren Motor, jetzt mit 24,5 PS aus 1131 cm3 Hubraum. Von 1940 bis 1945 wurden rund 52 000 Kübelwagen gebaut.

Der bevorstehende Zweite Weltkrieg forderte Ende der dreißiger Jahre verschiedene Opfer unter den damals bekannten Automobilherstellern. Einer davon war Wanderer. Im Jahre 1885 hatten Johann Baptist Winklhofer und Richard Adolf Jaenicke in Chemnitz eine Fahrradreparaturwerkstatt gegründet. Schon ab 1887 wurden eigene Fahrräder produziert, ab 1902 kamen Motorräder dazu, 1903 nahm man die Produktion von Schreibmaschinen (Continental) auf und 1905 wurde der erste Prototyp für ein Automobil, das Wanderer-mobil, vorgestellt. Es dauerte aber noch bis 1913, bis tatsächlich die Produktion von Automobilen aufgenommen wurde. Das dafür dann aber gleich mit großem Erfolg: Der Wanderer 5/12 PS W1 wurde schnell zu einem Liebling der Massen. Und erhielt den freundlich gemeinten Spitznamen „Puppchen" (dies in Anlehnung an eine damals sehr erfolgreiche Operette von Jean Gilbert). Das Puppchen war nur 1,5 Meter breit und 3 Meter lang. Über die Jahre wurde der kleine Wanderer ständig verbessert – und bis 1930 gebaut, er hieß dann W8 5/20 PS.

Für die Konstruktion eines Nachfolgers wurde der schon öfter erwähnte Ferdinand Porsche engagiert. Weil Wanderer nach Höherem strebte, konstruierte Porsche einen Sechszylinder- und zwei Achtzylindermotoren; nur der Sechszylinder, ganz aus Leichtmetall gefertigt, schaffte es als W14 in die Produktion. Doch dann kam die große Krise und Wanderer wurde in die 1932 gegründete Auto Union AG eingegliedert, zusammen mit Audi, DKW und Horch; in diesem Konglomerat war Wanderer für die gehobene Mittelklasse zuständig.

1935 kam der W21 auf den Markt, ein direkter Konkurrent zum hochgelobten V170 von Mercedes. Bis hin zum W24 (und noch vielen anderen Modellen mehr, die Bezeichnungen waren sehr verwirrend bei Wanderer) waren diese eleganten Fahrzeuge mit einem 2,6- Liter-Reihen-Sechszylinder ausgestattet, der etwas über 60 PS leistete. Das begehrenswerteste Modell war ein zweisitziges Cabrio, dessen Bezeichnung W52 k ebenfalls in kein Schema passt.

Auch im Rennsport versuchte sich Wanderer, mit einigem Erfolg bei der Fernfahrt Lüttich–Rom–Lüttich, die in den Vorkriegsjahren eine der wichtigsten Veranstaltungen war. Dort trat Wanderer mit dem „Stromlinie Spezial Sportwagen" an und gewann 1939 die begehrte Mannschaftswertung. Es sollte für viele Jahre einer der letzten wichtigen Siege für die deutschen Automobilhersteller sein.

116–117 Wanderer, hier auf der IAA von 1931 in Berlin zu bewundern (im Vordergrund ein W11 Cabriolet mit 2,5-Liter-Sechszylinder), war eine der vielen deutschen Automarken, die den Zweiten Weltkrieg nicht überdauerten.

WANDERER
14
ADLER
16
14 WANDERER 14
PEUGEOT
SEEGERS
GLASER
14 ADLER 14
CONTINENTAL RECORD

KAPITEL 4

Ein Wunder beginnt

118–119 Die Speedster-Version des Porsche 356 (hier Jahrgang 1957) war für den amerikanischen Markt konzipiert – und dort auch ein großer Erfolg. Heute sind diese 1500er die teuersten Sammlerstücke der ganzen 356-Baureihe.

Auch den Zweiten Weltkrieg hatte Deutschland verloren, das Land lag 1945, nach dem Ende des Krieges, vollkommen zerstört am Boden. Die Produktionskapazitäten der deutschen Industrie betrugen 1946 noch knapp 30 Prozent im Vergleich zu 1938. Zudem waren nach dem Krieg alle Produktionsstätten im östlichen Raum verloren gegangen: Opel verlor sein Werk in Berlin, BMW das in Eisenach, DKW jenes in Zschopau. 1945 betrug die Jahresproduktion der deutschen Autoindustrie 1293 Exemplare.

Es dauerte doch einige Jahre, bis sich das Land einigermaßen erholt hatte. Die Hilfe kam aus den USA, das einen starken Verbündeten gegen den neu entstandenen Ostblock brauchte; vom „Marshall-Plan", der Aufbauhilfe für die vom Krieg zerstörten Länder in Europa, profitierte Deutschland wohl am meisten. Erst 1949 wurden alle Produktionsbeschränkungen aufgehoben und bereits 1951 wurden in Deutschland wieder 276 622 Automobile hergestellt.

Von 1950 bis 1963 stieg die Industrieproduktion in Deutschland real um 185 Prozent. Einen nicht unwesentlichen Anteil daran hatte selbstverständlich die Automobilindustrie. 1953 wurden erstmals wieder über eine Million Autos produziert. Bereits 1955, knapp zehn Jahre nach Kriegsende, wird der millionste VW Käfer gebaut – ein vergoldetes Sondermodell lief vom Band. Ein Jahr zuvor war Deutschland in der Schweiz Fußball-Weltmeister geworden: „Wir sind wieder wer", hieß es und das war ein deutliches Zeichen des neuen deutschen Selbstbewusstseins. Dies zeigt auch eine andere Zahl: Waren 1952 nur gerade 9,6 Prozent der Neuwagen von deutschen Privatkunden angeschafft worden, so waren es 1960 bereits 49,9 Prozent. Im gleichen Jahr produzierte die deutsche Autoindustrie bereits 2 052 881 Fahrzeuge. Und nicht nur das, die Fahrzeuge „Made in Germany" genossen weltweit einen guten Ruf und waren international sehr konkurrenzfähig, denn die nach dem Krieg neu aufgebauten Fertigungsstätten waren sehr modern, das Personal sehr motiviert. Fast jeder zehnte Arbeitsplatz war in Deutschland zu Beginn der sechziger Jahre in irgendeiner Form mit der Autoindustrie verbunden. In den fünfziger Jahren wurden deutsche

Automobile auch zu einem fantastischen Exporterfolg. Der bloße Besitz eines Automobils reichte aber bald nicht mehr aus – nicht, dass man ein Auto fuhr, sondern welches Auto man sein eigen nennen durfte, wurde entscheidend. Wer etwas im Leben erreicht hatte, wollte das auch zeigen – und sich unterscheiden von denen, die durch langes Sparen zu Erstbesitzern etwa eines VW Käfers geworden waren. In den fünfziger Jahren kamen die deutschen Hersteller auch darauf, ihre Modelle jedes Jahr geringfügig zu verändern: Der Kenner sollte unterscheiden können, ob es sich um einen Neu- oder einen Gebrauchtwagen handelte. Der gesellschaftliche Druck, sich jedes Jahr ein neues Fahrzeug anzuschaffen, wurde für eine bestimmte Schicht eminent – ein „Geschäftsmodell", das schon in den dreißiger Jahren großen Erfolg gezeigt hatte.

Doch in den fünfziger Jahren wurde die deutsche Autoindustrie im Ausland vor allem über den Käfer und andere günstige Produkte wahrgenommen. Man war weit entfernt von den Anfängen des Automobils oder den dreißiger Jahren, als die Automobile „Made in Germany" zu den edelsten, begehrenswertesten Fahrzeugen überhaupt gehört hatten. Auch im sportlichen Bereich dauerte es viele Jahre, bis die deutschen Hersteller wieder Erfolge feiern konnten. Doch gegen Ende der fünfziger Jahre war Deutschland auch im automobilen Bereich wieder unter den führenden Nationen, Fahrzeuge wie der Mercedes 300 SL oder der BMW 507 gehörten für den Kenner und Liebhaber zu den erstrebenswertesten Produkten überhaupt. Und die Marke Porsche erkannte schon früh, dass Sporterfolge gerade für eine kleine Firma eine wunderbare Werbung sein konnten.

120–121 Endlich, ist man versucht zu sagen: 1953 brachte auch Mercedes ein Fahrzeug mit einer Pontonkarosserie auf den Markt, den 180er (W120/W121). Doch der Applaus der konservativen Kundschaft hielt sich anfangs in Grenzen.

Das Fahrzeug, das wir heute als VW Käfer kennen, hat eine lange Vorgeschichte. Schon im Jahr 1925 entwarf der ungarische Ingenieur Béla Barényi ein erstes detailliertes Konzept für einen Volkswagen. Auch ein gewisser Josef Ganz leistete noch in den zwanziger Jahren wichtige Beiträge zu dieser Fahrzeugidee; wie entscheidend diese waren, das konnte nie geklärt werden. Doch als eigentlicher Vater des deutschen „Volkswagens" darf sicher Ferdinand Porsche bezeichnet werden: Bei ihm liefen alle Fäden zusammen, er war es auch, der vom Reichsführer Adolf Hitler persönlich den Auftrag erhielt, dieses Fahrzeug zu konstruieren und in die Produktion zu bringen.

Porsche hatte sich schon früh Gedanken über einen preiswerten Kleinwagen gemacht. 1931 entwickelte er im Auftrag von Zündapp ein solches Fahrzeug, das aber nie in Serie ging. 1933 trat NSU mit dem gleichen Auftrag an Porsche heran. Das Unternehmen aus Neckarsulm machte dem österreichischen Ingenieur bedeutend weniger Vorgaben als Zündapp, sodass Porsche hier seine Idee von einem luftgekühlten, im Heck eingebauten Motor weiter verfolgen konnte. Es wurden drei Prototypen gebaut, deren Versuchsfahrten im Jahr 1934 vielversprechend verliefen.

Unterdessen, noch im Jahr 1933, hatte Porsche einen persönlichen Auftrag von Reichsführer Adolf Hitler erhalten, einen „Volkswagen" zu konstruieren. Am 17. Januar 1934 legte er einen detaillierten Vorschlag vor, am 22. Juni 1934 schloss er mit dem Reichsverband der Automobilindustrie einen Vertrag über den Bau eines Volkswagen-Prototyps ab. Dieser sollte innerhalb von zehn Monaten auf den Rädern stehen. Das schaffte Porsche nicht ganz, doch Ende Februar 1936 wurden zwei Modelle – eine Limousine (V1) und ein Cabrio (V2) – in Berlin der Öffentlichkeit vorgestellt. Übrigens in einem Verkaufsraum von Daimler-Benz. Diese Fahrzeuge (plus drei weitere Wagen, die sogenannte VW-3-Serie, die in der Garage des Privathauses von Porsche entstanden waren) basierten auf den Prototypen, die Porsche für NSU gebaut hatte – und zeigten schon so etwas wie die Urform des späteren Käfers. Auch waren sie mit einem Boxermotor ausgerüstet.

Die VW-3-Serie wurde nun ausführlichen Tests unterzogen. Als diese erfolgreich verliefen, baute Daimler-Benz dreißig Vorserienfahrzeuge (29 Limousinen, ein Cabriolet), die insgesamt 2,4 Millionen Testkilometer absolvierten. Anfang 1938 fertigte das Karosseriewerk Reutler dann die Vorserie VW 38 mit einer Ganzstahlkarosserie, jetzt mit vorne angeschlagenen Türen, Stossfängern vorne und hinten sowie dem berühmten „Brezelfenster". Dieser Wagen hatte einen Zentralrohrrahmen mit einer Bodenplatte aus Stahlblech, eine Drehstabfederung und wurde von einem luftgekühlten Viertakt-Vierzylinder-Boxermotor angetrieben, der aus einem Hubraum von 985 cm3 24 PS schöpfte. Das Leergewicht lag bei 750 kg.

Am 26. Mai 1938 legte Adolf Hitler den Grundstein zum Volkswagen-Werk im heutigen Wolfsburg. Doch zu einer Serienfertigung des Käfers kam es trotzdem nicht mehr – das Werk wurde auf die Produktion von Kriegsmaterial umgestellt, anstelle der Käfer wurden Kübel- und Schwimmwagen hergestellt.

Nach Ende des Krieges wurde die Produktion aber sofort aufgenommen. Trotz der massiven Kriegsschäden kamen die ersten „Brezelkäfer" (Standardlimousine, Typ 11) bereits 1946 auf den Markt, ab 1948 lief die Produktion auf Hochtouren, bereits 1955 konnte der millionste Käfer ausgeliefert werden.

Doch wie kam der Volkswagen zu seinem Namen? Es war die „New York Times", die bereits 1938 von „Tausenden und Abertausenden von glänzenden, kleinen Käfern, die bald die deutschen Autobahnen bevölkern werden", schrieb. Eingebürgert hat sich der Spitzname aber erst ab den fünfziger Jahren in den USA (Beetle oder auch Bug), in Europa verwendete VW die Bezeichnung Käfer erst ab 1961, als mit dem VW 1500 (Typ 3) ein zusätzliches Modell auf den Markt kam.

122 Ab 1931 leitete Ferdinand Porsche (im Bild links) in Stuttgart sein eigenes Konstruktionsbüro. Es sollte aber noch einige Jahre dauern, bis endlich ein Automobil der Marke Porsche auf den Markt kam. Hier arbeitet er am Käfer.

123 Dieser VW Käfer, der damals noch schlicht Typ 1 hieß, entstand noch in den Jahren 1938/39. Doch der Zweite Weltkrieg verhinderte vorerst eine Serienproduktion des genialen Fahrzeugs.

124–125 Adolf Hitler und Ferdinand Porsche bei der Feier von Hitlers fünfzigstem Geburtstag im April 1939. Porsche arbeitete schon seit 1933 im Auftrag von Hitler an der Entwicklung eines „Volkswagens".

125 Am 26. Mai 1938 legte Adolf Hitler in Fallersleben nach einer fünfzehnminütigen Rede feierlich den Grundstein für die „Stadt des KdF-Wagens". Erst nach dem Krieg wurde der Ort in Wolfsburg umbenannt.

Hauptamt

IIIA-42801

126 Trotz massiver Kriegsschäden konnte die Produktion in Wolfsburg bereits 1946 wieder aufgenommen werden, ab 1948 lief die Herstellung auf höchsten Touren. Dieses Bild stammt aus dem Jahre 1954.

126–127 Ein sehr schöner Käfer aus dem Jahre 1952: die Deluxe-Version, die für den Export bestimmt war. Insgesamt entstanden zwischen 1946 und 2003 (Produktionsstopp in Mexiko) immerhin 21 529464 Exemplare des Typs 1.

127 oben links Das Bild zeigt den norwegischen Frachter „Havfalk" im August 1950. Im Hamburger Hafen werden Käfer für den Export in die USA verladen. In den Vereinigten Staaten war der „Beetle" ein großartiger Erfolg.

127 oben rechts Auch andere Unternehmen schmückten sich mit dem Käfer, wie diese Telefunken-Anzeige aus dem Jahre 1951 beweist. Der VW war das perfekte Symbol für das deutsche Wirtschaftswunder.

TELEFUNKEN
Autosuper
Halle
Stand 21

Neben dem Typ 1 gab es bei VW ab 1950 aber auch noch den Typ 2, der ähnlich populär war wie der Käfer: der Bulli. Diesen Spitznamen hatte er schon, als er im November 1949 seine Premiere hinter verschlossenen Werkstüren feierte. Woher der „Bulli" kam, das weiß heute niemand mehr. Wer sein geistiger Vater ist, das ist jedoch bekannt: Ben Pon, der holländische VW-Importeur, spazierte im April 1947 durch die Fabrik in Wolfsburg und sah dort ein eigenartiges Fahrzeug, das sich die Arbeiter selbst zusammengebastelt hatten, um schwere Teile zu transportieren. Pon machte sofort ein paar Skizzen und er konnte den damaligen VW-Chef Heinrich Nordhoff anscheinend schnell überzeugen, so ein Fahrzeug zu bauen.

Der Bulli basierte auf dem Käfer, doch anstelle der zentralen Rahmenplattform wurde ihm ein seitlicher Stahlrahmenaufbau verpasst. Das Motörchen leistete die gleichen 24,5 PS wie im Käfer, trotzdem betrug die Nutzlast stolze 750 Kilo. Am 8. März 1950 begann die Produktion von vorerst zehn Exemplaren pro Tag; es gab das Fahrzeug nur in Blau und Grau. Doch schnell war die Nachfrage so groß, dass VW wusste, mit dem Bulli einen Erfolg gelandet zu haben. 1951 kam der Samba, der ausschließlich für den Personentransport gedacht war (und in Kalifornien sofort Kultstatus erlangte), 1952 wurde der Pick-up vorgestellt (ab 1958 gab es diesen auch mit Doppelkabine). Ab 1956 wurde der Transporter, wie der Bulli offiziell hieß, in einer neuen Fabrik in Hannover hergestellt. Das Modell wurde bis 1967 gebaut, rund 1,8 Millionen Exemplare sind von ihm entstanden.

Doch der Bulli war weit mehr als ein Transportfahrzeug. In den fünfziger Jahren wurde er, mehr noch als der VW Käfer, zum Symbol des deutschen Aufschwungs, des Wirtschaftswunders. Er war zwar nicht schnell, aber äußerst zuverlässig – man konnte sich auf ihn verlassen. Und das taten viele: die Post, die Polizei, die Feuerwehr, die Krankenhäuser, sogar die Bahn (es gab tatsächlich Bullis mit einem für die Eisenbahn tauglichen Fahrgestell).

128–129 Der VW Bus, interne Bezeichnung Typ 2, war 1950 auf den Markt gekommen und basierte natürlich auf dem Käfer. Der holländische VW-Importeur Ben Pon hatte die unverwechselbare Form gezeichnet.

130 oben Ab 1957 fiel das „Olympia" beim Rekord weg: zuerst gab es den P1 (bis 1960), dann den P2 (bis 1963) und dann, nicht ganz logisch in der Folge, den A, der auch hier auf einem Werbeplakat abgebildet ist.

130 unten links Die Produktionsanlagen von Opel in Rüsselsheim waren im Zweiten Weltkrieg fast bis auf die Grundmauern zerstört worden. Als Tochter von General Motors profitierte Opel allerdings nach dem Krieg von einer bevorzugten Behandlung.

130 unten rechts Der Opel Olympia Rekord wird 1953 auf der IAA in Frankfurt präsentiert. Im Vergleich zum Vorgänger war der neue Opel mit seiner modernen Pontonform eine absolute Revolution. Und der Verkauf lief entsprechend gut.

131 Basierend auf dem Olympia, der schon 1935 vorgestellt worden war, gab es im Dezember 1947 eine Neuauflage, die ohne große Veränderungen bis 1953 produziert wurde. Auch der Nachfolger hieß Olympia, mit dem Zusatz Rekord.

Man wollte also zeigen, was man hatte. Und wie sollte das besser gehen als mit einem Automobil? 1953 stand das deutsche Wirtschaftswunder bereits in erster Blüte, und davon konnte auch die Automobilindustrie bestens profitieren. Opel hatte seine Fabriken in Rüsselsheim im Jahre 1950 wieder in Betrieb nehmen können, und man verstand die „soziale Marktwirtschaft" so, dass man den Wunsch der aufstrebenden Familien nach komfortablen, etwas größeren Fahrzeugen erfüllen wollte.

Basierend auf dem Olympia, der schon 1935 vorgestellt worden war, kam 1953 der Opel Olympia Rekord auf den Markt. Besonders auffällig am neuen Modell war das gewaltige Haifischmaul – und dass jeweils im Sommer nach den Werksferien ein leicht verändertes Modell vorgestellt wurde. Damit hatten amerikanische Methoden Einzug gehalten in die deutsche Automobilindustrie; kein Wunder, dass dies zuerst bei Opel geschah, die Marke gehörte schon seit 1929 zu General Motors. 1931 war die Firma ganz von den Amerikanern übernommen worden, die Familie Opel hatte 33,3 Millionen Dollar an dieser Transaktion verdient.

Ab 1957 gab es dann den Rekord P1. Der damalige Chefdesigner (Formgestalter hieß das zu jener Zeit) Hans Mersheimer hatte eine europäische, also kleinere Ausgabe des Chevrolet Bel Air im Sinn und das gelang ihm auch ganz gut. Etwas eigenartig sah der Wagen wegen des negativen Radsturzes aber doch aus. Und unter der Haube war auch nicht besonders viel los, 45 PS aus 1,5 Liter Hubraum mussten genügen.

Ab 1958 war der Rekord auch als Kombi erhältlich. Die Modellbezeichnung Caravan ist auf den amerikanischen Einfluss zurückzuführen: „It is a car and a van", es ist ein Wagen und ein Lieferwagen. Der Caravan war selbstverständlich bei den Handwerkern sehr beliebt, weil sie ihn privat und fürs Geschäft nutzen konnten.

Gebaut wurde der P1 nur bis 1960, dann wurde er bereits vom P2 abgelöst: GM gab damals ein heftiges Tempo vor. Doch das brachte auch den Erfolg: Nach dem VW Käfer war der Rekord das meistverkaufte Auto im Deutschland der fünfziger Jahre.

OPEL
AH 82-4726

132 links Ein hübsches Cabrio des Ford Taunus aus dem Jahre 1952, genannt Weltkugel-Taunus, weil der Kühler von einem imposanten Globus gekrönt war. Der 12M war allerdings im Vergleich zum Vorgänger viel zu teuer ausgefallen.

132 oben rechts Die Endkontrolle für den Ford Taunus 12M in Köln-Niehl, ein Bild aus dem Jahre 1958. In acht Jahren entstanden gut 250 000 Taunus 12M – im Vergleich zum Konkurrenten Käfer keine beeindruckende Zahl.

132 unten rechts Eine zweite Aufnahme aus dem Ford-Werk in Köln-Niehl, wieder der Taunus 12M, doch diesmal die Lackiererei. Das M in der Bezeichnung steht für „Meisterstück". Ursprünglich wollte Ford diesen Taunus „Hunsrück" taufen.

Schon 1948 konnte Ford, als Tochter eines amerikanischen Unternehmens von der Politik begünstigt, seine Produktion wieder aufnehmen. Zuerst gab es den „Buckel-Taunus", ein Modell, das bereits von 1939 bis 1942 gebaut worden war. Doch schon 1952 kam der „Weltkugel-Taunus" auf den Markt, der mit seiner neuartigen Pontonkarosserie für großes Aufsehen sorgte. Seinen Namen erhielt der Taunus 12M deshalb, weil eine stilisierte Weltkugel seine markante Front zierte. Angetrieben wurde er zuerst von einem 1,2-Liter-Vierzylinder mit 38 PS, später kam ein 1,5-Liter mit 55 PS dazu (Typ 15M). Es gab den Weltkugel-Taunus als zweitürige Limousine, als dreitürigen Kombi sowie als Cabriolet mit einer Karosserie von Deutsch (wo auch Borgward und Opel zu offenen Versionen umgebaut wurden). Das M in der Bezeichnung stand übrigens für „Meisterstück". Ab 1959 entfiel dann die Weltkugel, dafür gab es neue Heckleuchten.

Gar kein Meisterstück war dann der Nachfolger, der P4. Das Fahrzeug war in Amerika entwickelt worden, sollte dort als Konkurrent zum sehr erfolgreichen VW Käfer etabliert werden. Doch der erste Ford überhaupt mit Frontantrieb war keine besonders geglückte Konstruktion: Die Querlenker waren direkt am Motor angebracht, der deshalb eine tragende Funktion übernehmen musste, für die er weder gedacht noch geeignet war. Eine wenig glückliche Hand hatte Ford auch mit dem zweitürigen Coupé des Taunus P4, das zwischen 1962 und 1966 produziert wurde: Man hatte für diesen unschön proportionierten Zweitürer Dächer in Frankreich bestellt, die allerdings 15 mm zu kurz waren. Die Vorstellung des Wagens musste um einige Monate verschoben werden.

Vom Taunus abgeleitet wurde ab 1953 auch ein Lieferwagen, der Transit. Er war zwar von Albert Haesner entwickelt worden, der schon für die Konstruktion des VW Bulli verantwortlich gezeichnet hatte, trug im Gegensatz zum VW-Transporter jedoch den Motor vorn und hatte deshalb eine deutlich größere Ladefläche als sein norddeutscher Konkurrent. Doch die ersten Transit galten als unzuverlässig, laut und schlecht gefedert. In England hatte der Transit weit größeren Erfolg als in Deutschland, wo er immer im Schatten des Bulli/Transporter stand.

133 Taunus hießen Ford-Modelle schon seit 1939. Hier handelt es sich um eine Werbung aus dem Jahr 1958, als bei Ford gerade der sogenannte „Streifen-Taunus" aktuell war. Beim 15M gab es endlich auch einen stärkeren Motor.

8 P 002
TAUNUS
K-EH 390

134 oben Der ab 1958 verkaufte Opel Kapitän war ein schönes Beispiel dafür, wie sehr auch die deutschen Hersteller nach (amerikanischer) Größe strebten, inklusive Heckflossen. Große Opel hatten immerhin Tradition.

Isabella, ein doch recht eigentümlicher Name für ein Automobil. Das kam so: Als Firmeninhaber C. F. W. Borgward gefragt wurde, wie die noch geheimen Prototypen denn genannt werden sollen, soll er geantwortet haben: „Das ist mir doch egal, schreibt meinetwegen Isabella drauf." Trotzdem kam der Wagen 1954 zunächst als Hansa 1500 auf den Markt, erst 1957 wurde er dann in Borgward Isabella umgetauft. Das war auch der Zeitpunkt eines Neubeginns, denn als der Wagen 1954 nach einer Entwicklungszeit von nur zehn Monaten ausgeliefert wurde, da hatten einige Kinderkrankheiten der potenziell großen Kundschaft schnell den Appetit verdorben.

Dass die Isabella derart enthusiastisch aufgenommen wurde, lag einerseits an ihrem Design, andererseits an einigen technischen Leckerbissen. Die Vorderradaufhängung verfügte über Doppelquerlenker mit Schraubenfedern und Stabilisatoren; das gab es damals sonst nur bei Rennwagen. Das Vierganggetriebe war voll synchronisiert, die Kupplung wurde hydraulisch betätigt. Und dann war da noch der Preis: Mit 7265 DM war die Isabella zwar teurer als ein Opel Rekord oder Ford Taunus, doch sie machte auch deutlich mehr her mit ihrer eleganten, selbsttragenden Karosserie. Der Mercedes 180, im Gegensatz zum Borgward kein besonders hübsches oder technisch fortschrittliches Modell, kostete damals deutlich mehr.

1955 erweiterte Borgward das Angebot um einen Kombi und ein sehr hübsches Cabrio. Dazu kam auch noch das Modell TS mit 75 statt 60 PS. Das Cabrio war allerdings keine besonders gelungene Konstruktion, schön zwar, aber die Karosserie war zu wenig steif. Also musste erheblich umgebaut werden, was wiederum den Preis und das Gewicht in die Höhe trieb. 1957 kam dann noch ein wunderschönes Coupé dazu, aus dem Deutsch zudem ein Cabrio machte, das damals die horrende Summe von bis zu 17 000 DM kostete. 1961 musste die Borgward-Gruppe Insolvenz anmelden. Bis 1962 wurden noch ein paar Isabellas gebaut (insgesamt 202 862 Exemplare), die sich heute bei Sammlern größter Beliebtheit erfreuen.

134–135 „Das ist mir doch egal, schreibt meinetwegen Isabella drauf", soll Firmenchef C. F. W. Borgward geantwortet haben, als er nach dem Namen für seine neue Konstruktion gefragt wurde. So kam ein schönes Auto zu einem schönen Namen.

Doch das Wirtschaftswunder verlangte auch noch nach anderen Autos, größeren, eindrucksvolleren, protzigeren. Denn in den fünfziger Jahren waren viele Menschen zu Geld gekommen, und weil Vorstadtvillen nun mal nicht fahren können, wollte eine gewisse Klientel ihren neuen Reichtum auf Rädern zeigen.

Eines der Fahrzeuge, die schon kurz nach dem Krieg auf höhere Gesellschaftsschichten zielten, war der Opel Kapitän. Das erste Nachkriegsmodell, das ab Herbst 1948 wieder angeboten wurde, basierte noch auf dem Kapitän, der 1939 auf dem Genfer Automobil-Salon seine Weltpremiere erlebt hatte; das Design wurde sanft den Modeströmungen angepasst. In der Folge wurde das Fahrzeug ständig modernisiert, erhielt immer mehr Chrom und stärkere Motoren. Der Kapitän 51 war ein sehr beliebtes Statussymbol, belegte in der Verkaufsrangliste in Deutschland hinter dem Käfer und dem Opel Rekord zeitweise sogar den dritten Rang. Komplett überarbeitet wurde der Kapitän erstmals im Herbst 1953, er erhielt nun eine Pontonkarosserie sowie den markanten Haifischmaul-Kühlergrill. Von November 1953 bis Juli 1955 wurden stolze 61543 Exemplare des 68 PS starken Wagens gebaut. Den amerikanischen Traum verkörperte dann ab 1958 der Opel Kapitän P 2,5. Er besaß wie die Cadillac und Chevrolet jener Zeit großartige Heckflossen und eine großflächige Panoramascheibe. Angetrieben wurde er jetzt von einem 80 PS starken 2,5-Liter-Motor. Doch der „Schlüsselloch-Kapitän" hatte weniger Erfolg als erwartet, er wurde schon 1959 vom P 2,6 abgelöst, dessen Karosserie deutlich geglättet wurde, wieder viel europäischer aussah. Die Leistung stieg auf 90 PS, was den Opel 150 km/h schnell machte. In etwas mehr als drei Jahren wurden fast 146 000 Exemplare verkauft. Ab 1964 gab es bei Opel über dem Kapitän noch den Admiral und den Diplomat. Sie teilten sich die Karosserieform und teilweise auch die Motorisierungen; der Kapitän war das Einstiegsmodell zur Oberklasse, der Diplomat mit seinem 4,6-Liter-V8 mit 190 PS (aus Chevrolet-Produktion) war das Spitzenmodell. Vom Diplomat gab es auch ein Coupé, das bei Karmann in Osnabrück gebaut wurde; diese Variante verfügte gar über einen 5,4-Liter-V8, kam aber nur auf eine Stückzahl von 347. Damit war auch Opel in die Oberklasse aufgestiegen.

BMW

136–137 oben In den fünfziger Jahren verfügte BMW über ein erstaunlich breites Oberklasseangebot, das vom 501 bis zum 507 reichte. Doch Geld verdiente BMW mit diesen Fahrzeugen nicht, die Bayern standen ständig vor dem Konkurs.

136–137 unten Der 1952 vorgestellte BMW 501 (2-Liter-Sechszylinder, 65 PS) war etwas schwach motorisiert, deshalb reichten die Bayern ab 1954 den 502 nach. Er war mit einem 2,6-Liter-V8 ausgerüstet, der auf immerhin 100 PS kam.

Auch BMW versuchte sich in der Oberklasse, ab 1952 mit dem Modell 501, dessen Reihen-Sechszylinder aus 2 Litern Hubraum 65 PS schöpfte. Das war nicht eben viel, um die ausladende Limousine, die vom Volksmund „Barockengel" getauft wurde, in Schwung zu bringen; der 4,73 Meter lange Wagen erreichte es mit viel Anlauf knapp 130 km/h. 1954 wurde deshalb der 502 nachgereicht, dessen 2,6-Liter-V8 auf immerhin 100 PS kam und den BMW 160 km/h schnell machte. Damit war er auch für den Einsatz von Polizei und Feuerwehr gerüstet; ein Fahrzeug wurde sogar zum Krankenwagen umgebaut.

Und trotzdem, der BMW 501/502, von dem es später auch Coupé- und Cabrio-Varianten gab, war kein Verkaufserfolg für die Münchner Marke. In der zwölfjährigen Produktionszeit wurden nur rund 23 000 Stück hergestellt. Was auch daran gelegen haben dürfte, dass die BMW mit Preisen zwischen 11 500 und 22 000 DM auch für die aufstrebenden Deutschen zu hoch positioniert waren. Auf Basis des 501/502 wurden über die Jahre auch noch der legendäre 507 (Roadster), der unterschätzte 503 (Cabrio) und der etwas eigenartige 3200 CS Bertone produziert. Eine weitere Variante, der 505, ging nie in Serie: Diese Pullman-Limousine mit 5,1 Metern Länge war als Konkurrent zum Mercedes 300 gedacht. Doch der damalige Bundeskanzler Konrad Adenauer soll beim Einsteigen in den BMW seinen Hut verloren haben, deshalb sei er dann Mercedes treu geblieben. Da nutzten auch Getränkebar, Gegensprechanlage und ausklappbare Schreibplatte nichts; vom 505 wurden nur zwei Exemplare gebaut. Der „Barockengel" trieb BMW fast in den Ruin. 1959 sollte BMW von Mercedes übernommen werden, doch die Kleinaktionäre und die Familie Quandt verhinderten eine Übernahme. Die Quandts erhielten als Dank ein Einzelstück eines 3200 CS Bertone-Cabrios. Was für BMW keinen großen Schaden bedeutete, denn der Bertone-Achtzylinder waren eh kein Verkaufsrenner.

138 Der BMW 503, ein sehr hübsches Cabrio auf Basis des 501/502, war erstaunlicherweise am Markt auch nicht erfolgreich. Heute wird es von Sammlern sehr geschätzt.

139 oben Die ersten Versuche von Bertone für den 3200 CS fielen noch ziemlich konservativ und langweilig aus. Doch weil der 507 ein aufregendes Fahrzeug war, mussten die Italiener nachbessern. Zum Glück …

139 unten: Der Einfluss des amerikanischen Designs (und der Wünsche des US-Marktes) war beim BMW 503 unverkennbar, er präsentiert sich als ein Luxusfahrzeug mit repräsentativem Charakter. Mit seinem modernen V8 war er ausreichend motorisiert.

Dass noch jemand auf BMW setzte in jenen schwierigen Jahren, das hatte die Münchner Marke ihren Kleinwagen zu verdanken. Nach dem Misserfolg mit dem 501/502 hatte BMW zwar kein Geld mehr, doch man wusste, dass die größte Chance wohl in der Produktion eines Kleinstwagens bestand. Eine eigene Entwicklung kam aus Mangel an flüssigen Mitteln nicht in Frage, doch BMW hatte schon in seiner Frühzeit gute Erfahrungen mit dem Lizenzbau gemacht (Dixi). In Italien wurde man fündig: Renzo Rivolta, der Chef des Motorradherstellers Iso Rivolta (der später auch interessante Automobile baute), hatte ein ungewöhnliches Gefährt konstruiert, dessen Tür vorne angeschlagen war. Die Iso-Isetta sah aus wie ein Kühlschrank auf Rädern – was kein Zufall gewesen sein soll: Die Vorgängerfirma von Iso Rivolta hatte noch Kühlschränke produziert.

BMW kaufte die Lizenz und optimierte die Isetta, etwa durch den Einbau eines eigenen Einzylinder-Motors (da hatte die Firma dank ihrer Motorradproduktion einige Erfahrung). Am 5. März wurde die BMW Isetta der Weltöffentlichkeit vorgestellt, der Preis lag bei 2580 DM. Den großen Reibach machten die Münchner damit nicht, doch sie gewannen immerhin Zeit. Zwischen 1955 und 1962 wurden gut 162 000 dieser „Motocoupés" (im Volksmund auch „Knutschkugel" und „Asphaltblase" genannt) verkauft. 1957 ging dann noch eine viersitzige Version in Serie, der BMW 600, der zusätzlich zur Fronttür auch noch eine Seitentür sowie eine Rücksitzbank hatte.

Der erste Kabinenroller war der Messerschmitt gewesen, der als KR 175 schon im Januar 1953 auf den Markt gekommen war. Der Konstrukteur des Fahrzeugs, Fritz M. Fend, hatte das Fahrzeug nur als Einsitzer geplant. Messerschmitt wollte aber nur Zweisitzer bauen. So entstanden diese technisch ziemlich aufwendigen Kabinenroller mit ihrer strömungsgünstigen Form, den zwei Rädern vorn und dem einzelnen, aber angetriebenen Rad hinten. Der Einstieg erfolgte über eine hochklappbare Plexiglashaube. Der KR 175 kostete nur gerade 2100 DM, war also günstiger als die Isetta und das Goggomobil. Trotzdem wurde der Kabinenroller kein großer Verkaufserfolg, 1955 verließen 12 000 Stück die Fabrikhallen, das reichte nicht, um schwarze Zahlen zu schreiben.

Es gab in jenen Nachkriegsjahren noch viele weitere deutsche Kleinstautos. Eines davon war der Lloyd LP 300, dessen Karosserie anfangs aus Sperrholz bestand, das mit Kunstleder überzogen wurde. Sein Spitzname war „Leukoplast-Bomber". Der Volksmund sagte aber auch: „Wer den Tod nicht scheut, der fährt einen Lloyd." Insgesamt wurden zwischen 1950 und 1963 aber doch über 170 000 Exemplare des kleinen Lloyd in den verschiedensten Varianten (LP 300, LP 400, LP 600, Alexander) gebaut.

Bei weitem nicht so erfolgreich, wenn auch mit einem ähnlichen Konzept, war der Kleinschnittger, der im April 1950 ausgeliefert wurde und aussah wie ein Spielzeugauto. Angetrieben wurde das Auto von einem 125-cm3-Einzylinder mit gerade einmal 6 PS. Eine Besonderheit war, dass der Kleinschnittger keinen Rückwärtsgang hatte: Das Gefährt war so leicht, dass man es zum Wenden hochheben konnte.

140 links Auf der Earls Court Motor Show in London 1956 erhielt Goggomobil schicken Besuch. Die Schauspielerin und spätere Schriftstellerin Jackie Collins posierte adrett in einem T300.

140 rechts Der 600er wurde, wie die kleine Isetta, von einem umgebauten Motorradmotor (aus der R60) angetrieben, das Aggregat war 19,5 PS stark. Noch immer spielte die Werbung mit dem „Traum" vom Automobil.

141 *Die ab 1955 gebaute Isetta erhielt im Volksmund sofort den Kosenamen „Knutschkugel" – nur selten war eine solche Bezeichnung passender. Angetrieben wurde die Isetta von einem 0,25-Liter- Motorradmotor.*

Das berühmteste Auto aus der Frühzeit der Direkteinspritzung war sicher der Mercedes 300 SL. Doch blenden wir zurück ins Jahr 1951. Damals entschied sich Mercedes-Benz, wieder an Rennen teilzunehmen. Dafür musste natürlich erst ein Auto gebaut werden. Ein Motor, ein 3-Liter-Reihensechszylinder, war vorhanden, er stammte aus dem W186; für den Sportwagen wurde er nicht nur in der Leistung verbessert, sondern auch in einem Winkel von 50 Grad nach links liegend eingebaut. Das mit ihm verbundene Vierganggetriebe, ebenfalls aus dem Typ 300 übernommen, war zwar robust, aber – wie der Motor – nicht eben leicht. An Motor und Getriebe des heranreifenden W194 ließ sich also hinsichtlich des Gewichts nichts machen. Auch die vom 300er übernommenen Achsen waren aus Stahl. So galt die Suche gewichtsreduzierenden Potenzialen. Die waren nach Lage der Dinge nur noch im Rahmen und in der Karosserie zu finden. Mercedes nahm die Idee eines leichten Rohrrahmens wieder auf; es entstand ein aus sehr dünnen Rohren zu lauter Dreiecken zusammengesetzter, extrem verwindungssteifer Gitterrohrrahmen, der nur auf Druck und Zug beansprucht wurde. Er wog nur 50 Kilogramm und wurde zum Markenzeichen nicht nur des W194 und der 1954 präsentierten Serienversion (W198), sondern auch der erfolgreichen Renn- und Rennsportwagen der Jahre 1954/55.

Um einem Gitterrohrrahmen hohe Stabilität zu geben, muss er im Bereich der Fahrgastzelle möglichst breit gestaltet sein. Diese Notwendigkeit führte zu den berühmten Flügeltüren, herkömmliche Türen konnten nicht verwendet werden.

1952 nahm der W194 erstmals an Rennen teil, erreichte bei der Mille Miglia den zweiten Rang – und konnte bei den 24 Stunden von Le Mans einen legendären Sieg erzielen. Auch die Carrera Panamericana, das härteste Rennen seiner Zeit, ging auf das Konto des 300 SL in seiner Rennversion.

Eine Serienfertigung des 300 SL war eigentlich nicht geplant. Doch Maximilian „Maxi" Hoffman, der amerikanische Importeur von Mercedes-Benz, wünschte sich schon lange einen Sportwagen für seine Kundschaft. Das Rennsport-Coupé stellte natürlich eine gute Basis dar. Nach langem Abwägen fiel die Entscheidung für eine Serienproduktion der Straßenversion des 300 SL (W198); gleichzeitig wurde der Bau eines kleineren Roadsters, des 190 SL (R121), verkündet. Keine sechs Monate nach dem Vorstandsbeschluss feierten die beiden Sportwagen ihre Premiere auf der „International Motor Sports Show" in New York, die vom 6. bis 14. Februar 1954 stattfand. Im August 1954 begann die Produktion des „Flügeltürers" in Sindelfingen, gefertigt wurde er bis 1957. Im Anschluss (bis 1963) ging der 300 SL als Roadster in Serie.

142 oben und 142–143 Eine Serienproduktion des W194 war eigentlich nicht geplant. Doch Maxi Hoffman, der amerikanische Importeur, verlangte hartnäckig nach einem Sportwagen, um gegen das konservative Image von Mercedes ankämpfen zu können.

Der Mercedes 300 SL mit seinen Flügeltüren (W194) war das ultimative Traumauto der fünfziger Jahre. Doch nicht nur die Türen waren außergewöhnlich, sondern auch der Motor mit Direkteinspritzung. Die Fachpresse lobte einmütig das Zusammentreffen von bestechender äußerer Erscheinung und enormer Leistungsfähigkeit.

Überlegener Sieg
im Großen Jubiläumspreis vom Nürburgring
für Sportwagen
1. Hermann Lang, 2. Karl Kling, 3. Fritz Riess, 4. Theo Helfrich
alle auf Mercedes-Benz Typ 300 SL
Hermann Lang fährt die schnellste Runde mit 131,5 km/std und
MERCEDES-BENZ
300 SL
722

144 oben Das deutsche Publikum hatte nach dem Krieg viele Jahre warten müssen, bis im Motorsport wieder Erfolge von deutschen Automobilen zu verzeichnen waren. Entsprechend euphorisch fiel der Jubel aus.

144–145 oben Der letzte Grand Prix der Saison 1955 fand am 11. September auf dem neuen Rundkurs von Monza statt. Fangio gewann nach hartem Kampf gegen Moss (der später ausschied), beide auf Mercedes W196.

144–145 unten Der Mercedes-Benz 300 SLR von 1955 ist einer der legendärsten Rennwagen aller Zeiten. Mit diesem Fahrzeug gewann Stirling Moss 1955 die Mille Miglia; die Startnummer 722 bezeichnet die Startzeit in Brescia (7:22 Uhr).

Der BMW 507 kam gut ein Jahr nach dem Mercedes 300 SL auf – und war bei weitem nicht so erfolgreich wie der Flügeltürer aus Stuttgart. Ganz im Gegenteil: Er trug seinen Teil dazu bei, dass BMW in jenen Jahren in ernsthafte finanzielle Schwierigkeiten geriet. Nur gerade 251 Stück wurden zwischen 1956 und 1959 gebaut.

Und doch wird der Bayer von Kennern und Liebhabern als eine Ikone der Automobilgeschichte verehrt. Das liegt einerseits daran, dass sich viele Prominente damals mit diesem immerhin 26 500 Mark teuren Auto schmückten, etwa Elvis Presley, Alain Delon, der Rennfahrer John Surtess und das Bond-Girl Ursula Andress. Doch wohl noch wichtiger für den unsterblichen Ruhm ist der Urheber der einmalig schönen Formen des 507, Albrecht Graf von Goertz (um genau zu sein: Albrecht Graf von Schlitz gen. von Görtz und von Wrisberg, 1914–2006). Goertz war kein gelernter Designer, ganz im Gegenteil, er hatte nach seiner Ankunft in den USA 1936 zuerst einmal nur Autos gewaschen, doch sein feines Händchen setzte sich schnell durch. Nach dem Zweiten Weltkrieg lernte er Raymond Loewy kennen, der ihn für Studebaker anstellte. Doch die beiden Sturköpfe kamen nicht miteinander aus, also machte sich Goertz selbstständig und erhielt 1953 von BMW den Auftrag, auf Basis des 501/502 die Modelle 503 und 507 zu entwerfen. Die zweite Meisterleistung von Goertz ist der Nissan 240Z, der 1969 auf den Markt kam. In Erinnerung an den großen Wurf von Goertz ist die Motorleistung der BMW-Topmodelle M5 und M6 auf 507 PS festgelegt worden.

Der Roadster 507 war mit einem 3,2-Liter-V8 ausgestattet, der 150 PS leistete. Damit war der BMW nicht schlecht motorisiert, denn das Gewicht des Fahrzeugs mit Alukarosserie betrug nur etwa 1250 Kilo, deutlich weniger als bei seinem Konkurrenten, dem Mercedes 300 SL. Heute gehören die 507 zu den begehrtesten Sammlerstücken aus dem BMW-Fuhrpark.

Noch ein zweiter berühmter Designer versuchte sich übrigens am BMW mit dem 3,2-Liter-V8: Giovanni Michelotti. Sein BMW 3200 Michelotti Vignale, der 1959 Premiere feierte, blieb allerdings ein Einzelstück.

Ebenfalls 1955 kam ein Fahrzeug auf den Markt, dessen Design im Prototypenstadium so überzeugend war, dass sich der damalige VW-Chef Heinrich Nordhoff anscheinend innerhalb von wenigen Stunden entscheiden konnte, das Auto ohne weitere Änderungen zu produzieren. Die Rede ist vom VW Karmann Ghia. Der Wagen, intern Typ 14 genannt, war eine Idee von Wilhelm Karmann. 1951 sprach er zum ersten Mal mit VW-Chef Nordhoff über die Möglichkeit, ein Sportcoupé auf Basis des VW Käfers zu produzieren. Die ersten Entwürfe konnten aber nicht begeistern, zu sehr sah der Typ 14 vor allem vorne noch wie der Typ 11 aus. Doch dann kommt Luigi Segre ins Spiel: Segre arbeitete damals bei Carrozzeria Ghia in Turin – und seine Entwürfe überzeugten Karmann auf Anhieb. Und, wie schon erwähnt, auch Nordhoff. Karmann richtet in Osnabrück ein Montageband ein, am 14. Juli 1955 wird das Fahrzeug der Presse vorgestellt. Die ist jedoch

anfangs nicht so sehr begeistert: „Eine Parodie eines schnellen Autos“, nennt die schon damals wichtige Zeitschrift „auto, motor und sport“ den Wagen. Und ganz günstig ist das Vergnügen auch nicht: 7500 DM kostet das von einem 30 PS starken, luftgekühlten Vierzylinder angetriebene Coupé. Das ist eine Menge Geld in jenen Jahren. Doch schon 1956 konnte das zehntausendste Exemplar gefeiert werden: Das Publikum liebte den Karmann Ghia, er war so etwas wie der Traumsportwagen für den „kleinen Mann“. Ab 1957 gab es auch ein Cabrio.

Parallel zur Produktion in Osnabrück eröffnet Karmann 1960 in Brasilien ein weiteres Werk. Dort wird neben dem Typ 14 auch der größere Typ 34 hergestellt – der allerdings nie den Erfolg hatte wie sein kleinerer Bruder. Nach nur etwas mehr als 42 000 Exemplaren wird die Produktion wieder eingestellt. Der Typ 14 wird hingegen in Brasilien und Osnabrück bis zum 31. Juli 1974 gebaut, insgesamt 443 478 Stück (Coupés und Cabrios) liefen vom Band.

Wohl mehr als jedes andere deutsche Automobil ist der Karmann Ghia Symbol für das aufstrebende und prosperierende Deutschland geworden. Von einem Mercedes 300 SL oder einem BMW 507 träumte man gerne, doch den Karmann Ghia, den konnte man sich irgendwann auch leisten.

146–147 Mit dem BMW 507 schuf Albrecht Graf von Goertz eines der schönsten Automobile der Geschichte. Doch erst heute wird der 507 als Meisterwerk geschätzt. Zwischen 1956 und 1959 wurden nur 251 Stück gebaut – der 507 trieb die Bayerischen Motoren Werke fast in den Ruin.

147 Albrecht Graf von Goertz hatte unter anderem bei Raymond Loewy gelernt. Aus den USA kam auch der Anstoß zu diesem sportlichen BMW-Modell. Die sogenannten „Kiemen“, die Albrecht Graf von Goertz dem 507 spendiert hatte, werden heute von den sportlichsten BMW-Modellen (M3, M5, M6) als interessantes Designelement wieder aufgenommen.

Die fünfziger Jahre sahen auch den ersten Aufstieg einer Marke, die unterdessen seit Jahrzehnten das Sinnbild für Sportwagen „Made in Germany" ist: Porsche. Ferdinand Porsche war eine der dominierenden Figuren der deutschen Automobilgeschichte der Vorkriegsjahre gewesen, manch eine wichtige Konstruktion hat er maßgeblich beeinflusst. Nach dem Krieg war es sein Sohn Ferry, der die Geschicke der Firma Porsche auf die richtigen Wege brachte; sein Vater Ferdinand arbeitete bis kurz vor seinem Tod 1951 im Unternehmen mit.

Am 15. Juni 1948 meldete Porsche den „Porsche Nr. 1" bei der englischen Besatzungsmacht für den Straßenbetrieb an. Der erste „echte" Porsche war ein Mittelmotor-Roadster mit einem leistungsgesteigerten Motor aus dem VW Käfer, 35 PS sollen es gewesen sein. Das Auto war im österreichischen Gmünd gebaut worden; dorthin hatte sich Porsche im Zweiten Weltkrieg zurückgezogen, um geschützt vor den Bombenangriffen der Alliierten an seinen Konstruktionen zu arbeiten.

In Serie ging der Porsche mit der Bezeichnung 356 aber dann mit Heckmotor. Die ersten 50 Exemplare wurden in Gmünd von Hand aus Aluminium gefertigt, es gab von Beginn an ein Coupé und ein Cabrio. Der luftgekühlte 1,1-Liter-Motor, der auf dem Aggregat des VW Käfers basierte, leistete 40 PS und machte das knapp 800 Kilo schwere Fahrzeug 140 km/h schnell.

Das Design des ersten Porsche stammte von Erwin Komenda, der schon die Karosseriepläne für den VW Käfer gezeichnet hatte. Überhaupt hatten diese ersten Porsche viel mit dem ersten Volkswagen gemein; die von Porsche patentierte Kurbellenkerachse vorne wurde genauso verwendet wie die an Längsschubstreben geführte hintere Pendelachse mit Drehstabfedern. Auch die Motoren des 356 basierten immer auf dem Original von VW, wurden aber selbstverständlich ständig weiterentwickelt. Erst ab 1953 gab es gegen Aufpreis den von Ernst Fuhrmann konstruierten Königswellenmotor mit vier obenliegenden Nockenwellen, der schon in seiner Standardversion 110 PS stark war und in den Rennwagen, etwa dem wunderschönen 904 GTS, bis zu 155 PS leistete.

Das Urmodell wurde bis 1955 gebaut. Erkennbar ist es an der zweigeteilten Frontscheibe, die zwar ab 1952 keinen Steg mehr hatte, aber immer noch geknickt war (die berühmte Knickscheibe). Von 1955 bis 1959 gab es das Modell 356 A, und zwar durchgängig in drei Karosserievarianten und fünf Motorversionen. Es folgte bis 1963 der 356 B, von 1963 bis 1965 war es dann noch der 356 C. Im Lauf der Jahre nahm die Zahl der Sondervarianten und Spezialversionen, auch bei den Motoren stetig zu, sodass die Übersicht etwas schwierig wurde.

Insgesamt wurden vom 356er 76 302 Exemplare gebaut. Er war nicht nur der erste Sportwagen aus deutscher Nachkriegsproduktion, sondern auch der Beginn einer neuen Liebe zum Rennsport.

148 unten Ferry Porsche (rechts) zusammen mit Karl Rabe (links) und Erwin Komenda. Ingenieur Rabe hatte schon 1913 mit Ferdinand Porsche zusammengearbeitet.

148–149 In den fünfziger Jahren waren die 356er gerade bei Privatfahrern außerordentlich beliebte Rennfahrzeuge. Das ist auch heute noch so, die klassischen Porsche gehören bei Oldtimerveranstaltungen zu den schnellsten Konkurrenten.

149 oben Ferdinand Porsche (rechts), sein Sohn Ferry, der mit dem 356 den „ersten Porsche" gebaut hatte, und Erwin Komenda (links), der für das Design zuständig war (er hatte schon den Käfer gezeichnet). Die ersten Porsche 356 wurden im österreichischen Gmünd noch aus Aluminium von Hand in Form geschlagen. In Stuttgart konnte Porsche später bedeutend modernere Produktionsanlagen einrichten.

PORSCHE

150–151 Der Porsche 356 wurde ständig verbessert. Man darf nicht vergessen, dass er 1948 fast komplett aus Teilen des Käfers konstruiert wurde. Er trug die Bezeichnung 356, weil er das 356. Projekt von Porsche gewesen sein soll.

151 oben Ferry Porsche war die treibende Kraft der frühen Jahre für die Marke Porsche. Hier präsentiert er 1958 eine Montagehalle voller Modelle 356 A in Stuttgart-Zuffenhausen.

151 unten Porsche legte schon früh großen Wert auf die ständige Qualitätsverbesserung seiner Fahrzeuge. Es ist deshalb kein Wunder, dass auch heute noch überraschend viele der 76 302 gefertigten 356er laufen.

KAPITEL 5

Große Träume und heiße Zeiten

152–153 Die Coupés der Modellreihe W108/109 (hier ein 280 SE Jahrgang 1971, ein sogenannter „Flachkühler") sind heute sehr begehrte Oldtimer. Knapp 29 000 Exemplare wurden gebaut, dazu kamen noch 7000 Cabriolets.

Es waren aufregende Zeiten, die sechziger Jahre. Der Bau der Berliner Mauer, Vietnamkrieg, die Studentendemonstrationen, das Ende des Prager Frühlings 1968, die Landung auf dem Mond, um nur die wichtigsten Ereignisse zu nennen. In Deutschland gab es 1964 noch eine Arbeitslosenquote von 0,08 Prozent, doch dann, 1966/67 ist das „Wirtschaftswunder" schlagartig vorbei, plötzlich stehen Hunderttausende auf der Straße, und das in einem Land, das fünf Jahre vorher noch Gastarbeiter in großer Zahl holen musste, weil es nicht genug Arbeitskräfte gab, um die gewaltige Nachfrage zu befriedigen.

Doch der Glaube an den Fortschritt ist in Deutschland ungebrochen. Die politische Situation ist zwar verworren und es braucht eine große Koalition aus der CDU/CSU und der SPD, um wieder Ruhe ins Land zu bringen. Die Rezession wird schnell überwunden und es herrscht wieder „freie Fahrt", auch für die Automobilindustrie.

1960 werden in Deutschland 1,816 Millionen Autos gebaut, fast 21 Prozent mehr als 1959. 1967 sind es 2,3 Millionen, gut 19 Prozent weniger als noch 1966, doch 1968 sind es schon wieder 2,86 Millionen, fast 25 Prozent mehr als im Vorjahr. Und 1969 wird problemlos die Marke von 3 Millionen Exemplaren geknackt, 3,3 Millionen sind es Ende des Jahrzehnts, niemand hätte das für möglich gehalten. Deutschland ist vor Frankreich und Italien zum wichtigsten europäischen Autoproduzenten geworden. Über 30 Prozent der Produktion werden exportiert (1970), nur gerade 11 Prozent der in Deutschland gekauften Autos sind Importprodukte. Nicht allen klassischen Marken geht es gut. Borgward muss aufgeben, BMW steht am Rande des Abgrunds und wird fast von Mercedes übernommen, die Kräfte werden bei DKW/NSU/Auto Union gebündelt. Mercedes dagegen steht strahlend da, VW kann sich noch immer auf den Käfer verlassen und Ford sowie Opel haben starke amerikanische Mütter im Rücken. Die Autos werden größer, sie werden stärker, und die deutsche Autoindustrie kann sich immer besser etablieren. In Deutschland werden nun auch Autos produziert, von denen die ganze Welt träumt, etwa der Porsche 911, der über die nächsten Jahrzehnte zum Sinnbild für alle Sportwagen wird. Und die deutschen Hersteller können sich, im Sog von Mercedes, ein Image erarbeiten, das für die nächsten Jahrzehnte prägend sein wird: Qualität „Made in Germany" wird zu einem weltweiten Gütesiegel.

Neben dem schon erwähnten Mercedes 300 SL gab es ab 1955 auch noch einen kleineren Bruder. Oder vielleicht wäre die Bezeichnung „Schwester" hier richtiger: Der 190 SL wurde gern als „Frauenauto" wahrgenommen. Das dürfte auch daran liegen, dass ein Skandal, der 1957 Deutschland erschütterte, eng mit diesem Fahrzeug zusammenhing. Die junge Frankfurter Prostituierte Rosemarie Nitribitt war am 1. November 1957 mit einer Platzwunde am Kopf und Würgemalen am Hals tot in ihrer Wohnung aufgefunden worden. Sie war damals eine Persönlichkeit öffentlichen Interesses gewesen, bekannt sind vor allem die Bilder der jungen Dame in ihrem Mercedes 190 SL, schwarz, mit roten Ledersitzen.

Der 190 SL basierte nicht auf dem 300 SL, sondern war eine sportliche Version auf der Plattform der damaligen Modelle 180/190, besser bekannt als „Ponton". Dieser Ponton-Mercedes galt nicht als Ausbund von Eleganz und Leistung, auch war der 190 SL (interner Code W121 BII) mit seinen 105 PS sicher nicht übermotorisiert. Das Modell wurde in drei Versionen angeboten, am beliebtesten war mit Abstand der Roadster. Es gab auch eine Sportversion, bei der für den Renneinsatz die Stoßstangen und das Verdeck abgenommen werden konnten; diese Variante wurde aber nur äußerst selten bestellt. Insgesamt liefen bis 1963 rund 26 000 Exemplare des 190 SL vom Band – er war auch ein schönes Beispiel für die damals vorherrschende Mentalität des „Wir sind wieder wer" in Deutschland.

Wie sein größerer Bruder war auch der 190 SL auf Anregung des amerikanischen Mercedes-Importeurs „Maxi" Hoffman entwickelt worden. Hoffman wünschte sich Fahrzeuge, die dem konservativen Image der Marke in den Vereinigten Staaten entgegenwirken sollten. In nur fünf Monaten wurden zwei Prototypen entwickelt, was beim 300 SL, der ja auf dem Rennwagen von 1952 basierte, bedeutend einfacher war. Am 190 SL mussten im Vergleich zum Prototyp auch noch

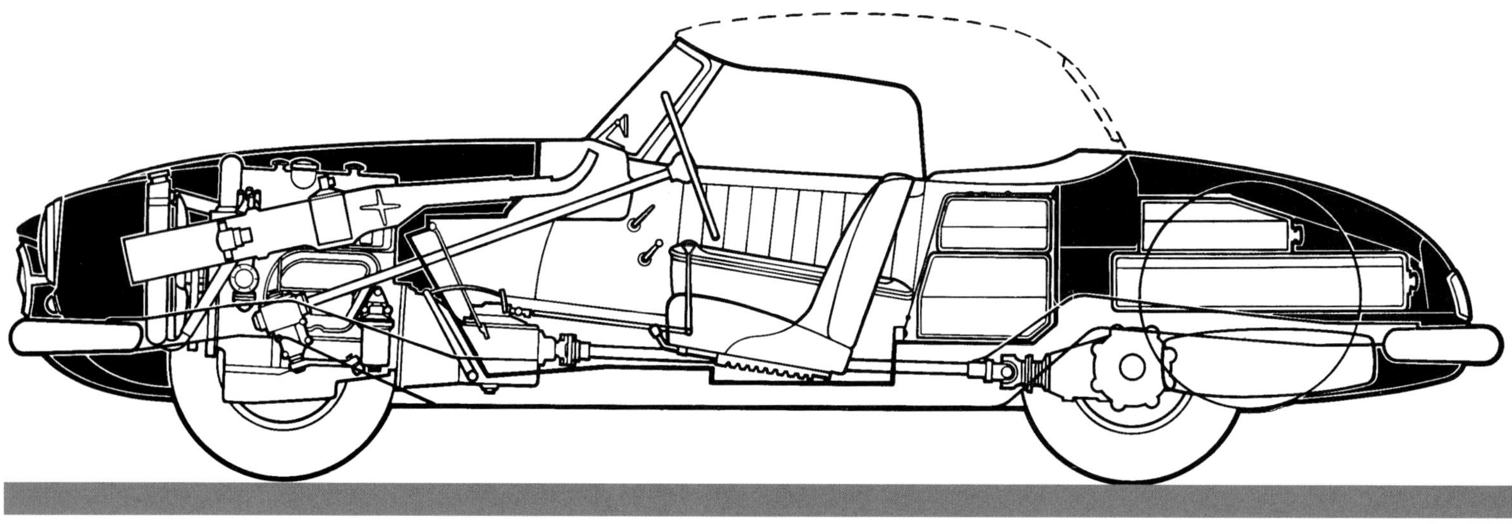

154 Die Optik des 190 SL war nicht von einem berühmten Designer entworfen worden, sondern von den beiden Konstrukteuren Walter Häcker und Hermann Ahrens. Basis des Wagens war der sehr konservative 180 (W120).

155 Der Preis für einen 190 SL (16 500 DM) blieb über die gesamte Produktionszeit gleich – und war in Deutschland ein sehr beliebtes Mittel, um dem Gefühl „Wir sind wieder wer" der Wirtschaftswunderzeit Ausdruck zu verleihen. Der von 1955 bis 1963 gebaute 190 SL (W121 BII) war der kleinere Bruder (oder eher: die kleine Schwester, denn der Wagen war bei Frauen sehr beliebt) des Flügeltürers 300 SL. Mit seinen 105 PS war er aber kein Sportwagen. Wie der 300 SL war auch der 190 SL in nur knapp sechs Monaten entwickelt worden.

156 Der ebenfalls sehr gelungene 230 SL (W113) wurde 1963 als Nachfolger des 190 SL präsentiert. Der 2,3-Liter-Sechszylinder leistete 150 PS, musste aber mit hohen Drehzahlen bei Laune gehalten werden. In Anspielung auf das abnehmbare Dach erhielt der Mercedes 230 SL im Volksmund bald den Beinamen „Pagode". Über die Jahre wurde der W113 immer stärker, zuerst als 250 SL (1967), dann als 280 SL (1968 bis 1971).

157 Bei der Bandama-Rallye, die 5600 Kilometer quer durch die Savannen der Elfenbeinküste führte, konnte Mercedes 1979 mit dem 450 SLC 5.0 (W107) einen überragenden Vierfachsieg erzielen.

diverse Details verbessert werden, bis das von Walter Häcker und Hermann Ahrens entworfene Design wirklich stimmig war.
1963 wurde auf dem Genfer Auto-Salon der Nachfolger des 190 SL präsentiert, der W113. Bekannt wurde dieses Fahrzeug als „Pagode" wegen seines konkav gewölbten Hardtops, das gegen Aufpreis lieferbar war. Die Leistungsstufen wurden sukzessive ausgebaut, es begann mit dem 230 SL (1963–1967), ging weiter mit dem 250 SL (1967) und endete mit dem 280 SL (1968–1971); insgesamt wurden 48912 Exemplare gebaut. Die meisten W113 waren zweisitzige Cabrios mit Faltdach, gegen Aufpreis gab es aber auch ein Hardtop sowie eine viersitzige Version mit Hardtop.
Dieses Fahrzeug war ein Meilenstein für Mercedes-Benz. Die „Pagode" basierte auf der „Heckflosse" (interner Code W111), der weltweit ersten Limousine mit Sicherheitsfahrgastzelle. Auch die „Pagode" profitierte von diesem Sicherheitsdenken, es gab Knautschzonen (entwickelt auf der Basis von Crashtests) sowie leicht verformbare Front- und Heckelemente; Sicherheitsgurte waren allerdings nur als Sonderausrüstung erhältlich. Trotzdem, der W113 zementierte den Ruf von Mercedes als besonders fortschrittlichem Hersteller.
Die Leistung lag beim 230 SL bei 150 PS, auch der 250 SL war nicht stärker. Der 280 SL kam dann auf 170 PS. Die „Pagode" erfreut sich noch heute sehr großer Beliebtheit, ganz besonders in Deutschland und in den USA; über die Hälfte der W113-Modelle war exportiert worden.
Die Geschichte des Mercedes SL dauert aber bis heute fort – er ist damit eine der am längsten gebauten Baureihen der Automobilgeschichte. 1971 kam der Nachfolger des W113 auf den Markt, interner Code W107. Das doch ziemlich kantige Design war wieder ein Wurf von Friederich Geiger, der schon den „Flügeltürer" entworfen hatte.
Über die Jahre wurden die SL immer stärker, Standardmotorisierung war ein Dreiliter-Reihensechszylinder mit Doppelnockenwellen-Zylinderkopf, dazu gab es aber auch V8-Motoren mit 3,5 und 4,5 Liter Hubraum (ab 1972). Der größte Motor war ab 1985 ein 5,5-Liter-V8, der aber mit seinen 231 PS schwächer ausfiel als der 5-Liter-V8 im 450 SLC 5.0 (ab 1978), der immerhin 240 PS schaffte.
Der W107 war auch das Modell, das den Wiedereinstieg von Mercedes in den Motorsport brachte. Bei der Langstrecken-Rallye London–Sydney belegten die SL den ersten, zweiten, sechsten und achten Rang, ein erster großer Erfolg für die Stuttgarter. Ab 1978 trat Mercedes mit dem „Dickschiff" 450 SLC 5.0 an und erreichte bei der harten Rallye Elfenbeinküste (ursprünglich: Bandama-Rallye) 1979 und 1980 zwei beachtenswerte Siege.
Gebaut wurde der W107 bis 1989, immerhin achtzehn Jahre lang. Es folgte der R129, der es „nur" auf dreizehn Jahre brachte, bis er 2001 vom R230 abgelöst wurde.

Über eine ähnlich lange Geschichte wie der SL von Mercedes verfügt der Porsche 911. Im Gegensatz zum Benz, der immer wieder ein komplett neues Design erhielt, basieren aber auch die neusten „Neun-Elfer" immer noch auf dem ursprünglichen Entwurf von Ferdinand Alexander „Butzi" Porsche, dem Sohn von Ferry Porsche. Allerdings gibt es auch nicht unwichtige Stimmen, die dem damaligen Leiter der Porsche-Karosseriekonstruktionsabteilung (ja, so hieß das damals), Erwin Komenda, der schon den VW Käfer und den Porsche 356 gezeichnet hatte, einen maßgeblicheren Einfluss zuschreiben, so ganz genau wird sich das wohl nie mehr klären lassen. Tatsache ist aber, dass „Butzi" Porsche eine großartige Karriere als Designer machte. Dass der 356er einen Nachfolger brauchte, das war Porsche schon Ende der fünfziger Jahre klar geworden, weil der Vierzylinder-Boxermotor mit 2 Litern Hubraum an die obersten Leistungsgrenzen gekommen war. Das neue Modell, das 1963 der Weltöffentlichkeit präsentiert wurde, hatte weiterhin einen luftgekühlten Boxermotor, jetzt aber mit sechs Zylindern und Trockensumpfschmierung. Die erste Version leistete 130 PS, hatte aber bereits den unverwechselbaren Sound, der den 911 auch heute noch auszeichnet. Bei seiner Vorstellung hieß der neue Porsche noch 901, doch weil der französische Hersteller Peugeot die Rechte auf alle Zahlen mit einer Null in der Mitte besaß, kam der Sportwagen 1964 dann als 911 auf den Markt. Ab 1965, als die Produktion des 356 endgültig eingestellt wurde, gab es auch noch den

158–159 Der 912 war ein abgespeckter 911er, nicht nur beim Motor. Im Cockpit gab es nur drei statt fünf Rundinstrumente – gegen Aufpreis konnte aber die 911er-Innenausstattung erworben werden.

912, der weiterhin den Vierzylinder-Boxer (mit 90 PS) im Heck trug und bis 1969 gebaut wurde.

Das Jahr 1967 brachte erstmals eine Leistungssteigerung, der 911 S lieferte 160 PS. 1969 wurde der Hubraum auf 2,2 Liter vergrößert, bereits 1971 auf offiziell 2,4 Liter (obwohl es nur 2341 cm3 waren), der S als stärkste Variante leistete nun 190 PS und war bereits der schnellste in Deutschland gebaute Serienwagen. Noch schneller war der 1972 vorgestellte Carrera RS, von dem ursprünglich nur eine Kleinserie von

159 Der 911 war ziemlich teuer und so kam in der Zeit von 1965 bis 1969 das Modell 912 hinzu, das anfangs von einem 1,6-Liter-Vierzylinder angetrieben wurde.

fünfhundert Exemplaren gebaut werden sollte, um die Homologation als Rennfahrzeug (gemäß dem Reglement des Internationalen Automobilverbandes) zu erhalten. Aus einem Hubraum von 2,7 Litern schöpfte der Sportwagen 210 PS, und weil er nur 975 Kilo wog, war er ein vorzügliches Sportgerät. Aufgrund des großen Erfolges wurden insgesamt 1590 Stück gebaut. Über die Jahre wurde der 911 ständig verbessert. Für das Modelljahr 1974 kam das „G-Modell" auf den Markt, das leicht an den sogenannten „Faltenbalgstoßstangen" zu erkennen war, die für die Erfüllung der amerikanischen Crashvorschriften nötig geworden waren. Über die Jahre wuchsen Hubraum und Leistung ständig an. Die Planungen sahen allerdings vor, den 911er im Jahr 1981 auslaufen zu lassen.

Zum Glück trat Ende 1980 jedoch der Amerikaner Peter Schutz den Posten als Vorstandsvorsitzender bei Porsche an, und anstatt die Produktion zu stoppen, wurde dem 911 zusätzlich zum Coupé und dem Targa-Modell (ab 1965) auch noch ein Cabrio (ab 1983) spendiert; 1974 kam zudem noch die Turbovariante hinzu (die in einem späteren Kapitel gesondert behandelt wird).

Erst 1988 wurde der 911 ein weiteres Mal komplett erneuert. Das Fahrzeug hieß offiziell 964, wurde aber weiterhin als 911 vermarktet – aus dem einfachen Grund, weil der 911er damals das einzige Porschemodell war, das sich einigermaßen gut verkaufte. Der weiterhin luftgekühlte Sechszylinder-Boxer war mittlerweile auf 3,6 Liter Hubraum angewachsen, die Standardversion leistete 250 PS. Neben ABS, Servolenkung und Airbags (alles serienmäßig) gab es jetzt auch eine Allradversion, den Carrera 4. 1993 wurde der 964 vom 993 abgelöst, dem letzten 911er mit luftgekühltem Motor. Dessen Karriere nahm 1997 mit der Einführung des Modells 996 ein Ende. Mittlerweile sind wir aber bereits bei der Baureihe 997 (ab 2004) angelangt.

160–161 Der Carrera RS 2.7 war an seinem markanten Heckspoiler zu erkennen – und an seiner „Kriegsbemalung". Rot war allerdings keine typische Farbe für einen RS, im beliebteren Weiß sah er auch besser aus. Der Porsche 911 Carrera RS 2.7 (hier Baujahr 1973) war eines der besten Sportfahrzeuge der siebziger Jahre. Mit seinen 210 PS und nur 975 Kilogramm Gewicht war jede Menge Fahrspaß garantiert.

161 oben Ab 1965 gab es den Porsche 911 auch in einer Targa-Version. Der Name leitete sich vom italienischen „targa" (Schild) ab, doch Porsche hatte auch nichts dagegen, das berühmte Targa-Florio-Rennen ins Spiel zu bringen.

162 An Land war der Amphicar nicht gerade eine Schönheit. Doch wenn er lief und auch dicht war (was man nicht als gegeben voraussetzen durfte), dann hatte das eigenartige Gefährt schon seine ganz besonderen Qualitäten.

162–163 Filmproduzent Kevin McClory mit seiner Frau Bobo Segrist und den Kindern in einem Amphicar im Hafen von Nassau auf den Bahamas.

Gar keinen Erfolg hatte im Gegensatz zum Mercedes SL und dem Porsche 911 eine andere Konstruktion, die zu Beginn der sechziger Jahre in Deutschland für Aufregung sorgte: der Amphicar. Entwickelt worden war das eigenartige Fahrzeug vom Konstrukteur Hans Trippel im Auftrag der Amphicar Corporation; gebaut wurde der erste zivile Schwimmwagen der Welt von 1961 bis 1964.

Die Besonderheit des Wagens war, dass er auch schwimmfähig war. Dank eines verstärkten Unterbaus der selbsttragenden Karosserie war das Vehikel auch einigermaßen dicht. Angetrieben wurde es von einem 1,2-Liter-Motor mit 38 PS aus dem Triumph Herald, ein Aggregat, das nicht unbedingt für seine Zuverlässigkeit berühmt war. Immerhin war das Fahrwerk mit Einzelradaufhängung vorne sowie Federbeinen und Längslenkern hinten für die damalige Zeit relativ fortschrittlich, auf der Straße machte das viersitzige Cabrio sogar Spaß. Für die Fahrt im Wasser konnten hinten zwei Propeller abgesenkt werden, gelenkt wurde weiterhin über die Vorderräder. Wer in Deutschland allerdings ein Amphicar zu Wasser lassen wollte, der brauchte neben dem Führerschein auch noch eine Fahrerlaubnis für Sportboote.

Und viel Geduld. So clever Trippels Konstruktion eigentlich war, so anfällig war sie auch. Stolze 32 Schmiernippel galt es zu bedienen – und das alle fünf Stunden, die man im Wasser verbrachte. Auch setzte der Rost dem Amphicar schnell zu.

Mindestens 25 000 Stück hatte Amphicar, nicht zuletzt dank Unterstützung der außerdem bei BMW engagierten Familie Quandt, bauen wollen. 3878 wurden es, dann musste das Unternehmen Konkurs anmelden. Nicht nur die technischen Probleme schreckten die Käufer ab, auch der hohe Preis von doch 12 000 DM war ein zu großes Hindernis; für dieses Geld erhielt man Anfang der sechziger Jahre einen anständigen Sportwagen. Noch drei Jahre nach der Insolvenz standen Neuwagen auf Halde, deshalb war die Versorgung mit Ersatzteilen viele Jahre lang gut und günstig.

geführt worden. Erst ab 1970 war der Ro80, der mit einem Einstandpreis von 14 500 DM (1967) so viel kostete wie ein Mercedes, wirklich wettbewerbstauglich, doch da stand man schon kurz vor der Ölkrise. Der hohe Kraftstoffverbrauch wurde zu einem gewichtigen Kritikpunkt und als die Produktion des Ro80 1977 auslief, da waren nur knapp 37 500 Stück dieses außergewöhnlichen Fahrzeugs hergestellt worden.

Eine für die Geschichte des Automobils bedeutend wichtigere Erfindung als der Amphicar war der Wankelmotor. Doch wie das an und für sich interessante Amphibienfahrzeug wartet auch der Rotationskolbenmotor weiterhin auf den ganz großen Durchbruch. Rotationskolbenmaschinen gab es schon im 16. Jahrhundert, das Prinzip, dass sich bewegliche Teile nur um einen Schwerpunkt bewegen, wurde damals schon beim Bau von Wasserpumpen verwendet. Es sollte jedoch ein paar Jahrhunderte dauern, bis die ersten Motoren funktionierten. Ab 1932 kommt der Name Felix Wankel (1902–1988) mit ins Spiel. Wankel war ein Autodidakt und Nichtmathematiker, er besaß wegen seiner extremen Kurzsichtigkeit auch nie die Erlaubnis, ein Auto zu steuern. Doch er hatte ein geniales räumliches Vorstellungsvermögen – und nach ersten Versuchen mit konventionellen Verbrennungsmotoren verlegte er sich schon früh auf die Rotationskolbenmotoren. 1933 erhielt er ein Patent für seinen ersten Drehkolbenmotor.

Das Prinzip ist relativ einfach und logisch: Anstelle von Kolben, die sich beim herkömmlichen Hubkolbenmotor auf und ab bewegen, dreht sich beim Wankelmotor eine massive, oval-bogig geformte Scheibe um eine Exzenterwelle. Damit hat das Aggregat bedeutend weniger bewegliche Teile und es benötigt auch weniger Platz. Es braucht zudem keine Ventile, die dazugehörigen Teile wie Nockenwelle, Stößel, Kipphebel fallen ebenfalls weg. Weitere Vorteile: Ein Wankelmotor ist perfekt auswuchtbar, was einen seidenweichen Lauf ergibt, das Drehmoment ist gleichförmiger, weil die Taktdauer um 50 Prozent länger ist.

In Richtung Automobil kann Wankel seine Forschungen erst ab 1951 wieder aufnehmen, als er von NSU einen Auftrag für Drehschiebersteuerungen erhält, der kurz darauf auf Rotationskolbenmotoren erweitert wird. Bei NSU arbeitet Wankel mit Hanns Dieter Paschke zusammen; die beiden verstehen sich nicht immer gut, doch Paschke trägt entscheidend zur Entwicklung des später nach Felix Wankel benannten Motors bei. Das geht so weit, dass Paschke eigene Studien betreibt, von denen Wankel nichts wissen darf; 1957 gelingt es dem NSU-Mann, einen ersten Drehkolbenmotor nach einigen technischen Änderungen so richtig zum Laufen zu bringen. Wankel soll zu diesem Motor, bekannt als KKM57, gesagt haben: „Sie haben aus meinem Rennpferd einen Ackergaul gemacht." Worauf der Chef von NSU, von Heydekampf, antwortete: „Hätten wir wenigstens schon einen Ackergaul." Es dauerte noch weitere sechs Jahre und bedurfte vieler Millionen Entwicklungsgelder, bis im Herbst 1963 die ersten Autos mit Wankelmotor der Öffentlichkeit vorgestellt werden konnten, einerseits der NSU Wankel Spider, andererseits ein Mazda mit Zweischeibenmotor.

Im Herbst 1964 geht der NSU dann in Serie – viel zu früh, denn der Wankelmotor war noch längst nicht ausgereift. Mazda machte es mit seinem Cosmo Sport bedeutend besser, und deshalb geriet NSU auch in Zugzwang. Auch der sehr fortschrittliche NSU Ro80 wurde 1967 überhastet auf den Markt gebracht, ohne ausführliche Erprobung. Die ersten Fahrzeuge litten an einem Konstruktionsfehler, die Dichtleisten des Wankelmotors waren falsch aus-

164 oben Im Jahre 1961 schaffte es Volkswagen endlich, dem Käfer und dem Bulli noch ein drittes Modell zur Seite zu stellen. Der Typ 3 basierte auf dem Käfer, verfügte aber über ein deutlich besseres Platzangebot.

Den 1500er gab es von Anfang an auch in einer Kombiversion; er war der erste VW, der die Bezeichnung „Variant" trug. Wegen des Heckmotors waren die Möglichkeiten der Zuladung aber ziemlich eingeschränkt.

Zwanzig Jahre waren schon vergangenen, seit Volkswagen den Käfer auf die Straße gebracht hatte. Die ganze Zeit lebte das Unternehmen von seinem Typ 1, eben dem Käfer, und dem Typ 2, dem Bulli. Ende der fünfziger Jahre war den Wolfsburgern aber klar, dass es nicht ewig so weitergehen konnte. Doch was dann 1961 auf der IAA stand, der Typ 3, das konnte das Gelbe vom Ei nicht sein, das war von Anfang an klar. Der VW 1500, so benannt nach seinem größeren Motor (bei dem zudem das Radialgebläse am hinteren Ende der Kurbelwelle angeflanscht war, womit sich das Triebwerk länger und flacher bauen ließ), war sicher keine Schönheit. Und wurde auch kein großer Erfolg, obwohl sein Platzangebot deutlich besser war und es auch eine Kombiversion namens Variant gab. Der Typ 3 kostete bei seinem Erscheinen 6300 DM, rund 1000 DM mehr als ein Käfer, auf dem der Typ 3 natürlich zu großen Teilen basierte.

1968 gab es einen Nachfolger für den Typ 3, logischerweise Typ 4 genannt. Offiziell trug er die Bezeichnung VW 411 (ab 1972 dann 412), doch der Volksmund nannte den Wagen trefflich „Nasenbär". Bösere Zungen sagten: Vier Türen, elf Jahre zu spät. Auch der 411 basierte weiterhin auf dem Konzept des Käfers, der luftgekühlte Boxermotor arbeitete im Heck. Immerhin waren die Maschinen mit 1,7 und 1,8 Liter Hubraum jetzt deutlich stärker als beim Typ 1, es wurden bis zu 85 PS angeboten. Technisch interessant war eine 80-PS-Version mit elektronischer Benzineinspritzung von Bosch. In sechs Produktionsjahren wurden vom Typ 4 nur 367 728 Stück gebaut, eine für Volkswagen schmerzhaft geringe Zahl.

Doch VW hatte noch nicht genug von Experimenten 1970 präsentierte das Unternehmen ein vollkommen neues Fahrzeug, den K70. Er war der erste Volkswagen mit Reihenmotor, Wasserkühlung und Frontantrieb. Entwickelt worden war das Fahrzeug von NSU, das schon seit 1965 an einem Nachfolger für den Ro80 arbeitete. 1969 wurde die Präsentation aber verschoben, weil die Übernahme von NSU durch VW bevorstand; dort wollte man keinen direkten Konkurrenten zum ebenfalls neuen Audi 100. Doch weil die Öffentlichkeit schon informiert war und es wütende Proteste von potenziellen Kunden gab, brachte VW den K70 im Herbst 1970 doch auf den Markt; einzig die ebenfalls geplante (und komplett entworfene) Kombiversion wurde fallen gelassen.

Der K70 gefiel mit seinem im Vergleich zu seinen Konzernbrüdern sehr großzügigen Raumangebot; der Kofferraum war mit 585 Litern riesig. NSU hatte den K70 noch mit einem Wankelmotor in Planung gehabt, doch auf den Markt kam der kantige VW einzig mit konventionellen Benzinmotoren (1,6 oder 1,8 Liter Hubraum, 75 bis 100 PS). Zwischen 1970 und 1975 wurden etwas über 211 000 Exemplare gebaut, doch weil es kaum Gleichteile zu anderen VW-Produkten gab, war die Produktion unrentabel. Immerhin war die Konstruktion des K70 wegweisend für die neuen Generationen von Volkswagen: den Passat und noch viel mehr den Golf.

164–165 NSU war der wahre Pionier des Wankelmotors. In diesem hübschen Spider wurde der revolutionäre Motor ab 1963 erstmals in Serie eingesetzt – doch die Probleme waren groß, zu groß für NSU.

Anfang der sechziger Jahre wollte auch die Firma Opel ihren eigenen Sportwagen haben, der das doch sehr konservative Image der Marke ein wenig aufpolieren sollte. Im Winter 1963 begann die Entwicklung, vorerst mit Studien aus Plastilin. Auf der IAA 1965 wurde dann ein Prototyp mit der Bezeichnung Opel GT Experimental gezeigt, welcher die „Coke-Bottle-Shape" hatte, die auch die Corvette jener Jahre auszeichnete. Das Publikum war begeistert und auch die GM-Strategen, die gerne einen preiswerten Sportwagen unterhalb der Corvette im Programm gehabt hätten, förderten das Projekt.

Dass es trotzdem noch drei Jahre dauerte, bis der Opel GT dann endlich auf den Markt kam, lag daran, dass Opel die Fertigungskapazitäten fehlten. Der Wagen konnte nicht vom gleichen Band laufen wie der Kadett B, auf dem er basierte. Also bestellte man die Karosserie bei der französischen Firma Chausson und auch Lackierung sowie Innenausbau kamen aus Frankreich, von Brissoneau & Lotz (was sich später als Bumerang erwies, nachdem Renault Brissoneau & Lotz übernommen hatte). Die fertigen Karossen wurden nach Bochum ins Werk geliefert, dort wurden noch Motor, Getriebe und Achsen montiert.

Es gab den GT in zwei Ausführungen, die kleinere mit einem 1,1-Liter-Motörchen mit 60 PS, den GT 1900 mit dem aus dem Rekord bekannten 1,9-Liter-Triebwerk mit 90 PS; letzteres machte den Opel immerhin 185 km/h schnell. Der Einstiegspreis lag bei 10 000 DM und damit wurde der GT zu einem absoluten Schnäppchen. Einen Kofferraum hatte der kleine Sportwagen nicht, das Gepäck musste hinter den Sitzen verstaut werden, dafür gab es Schwenkscheinwerfer und für den GT 1900 eine sportliche Ausbuchtung auf der Motorhaube.

Die Resonanz war gewaltig. Nicht nur in Deutschland, auch in den USA. 103 463 Stück wurden gebaut, über sechzig Prozent davon in die USA verschifft. 1973 kam dann aber das Ende, der GT konnte die strengeren Crashauflagen in den Vereinigten Staaten nicht mehr erfüllen. Und die riesigen Stoßfänger, die neu vorgeschrieben wurden, die mochte man der zeitlosen Form der „deutschen Corvette" nicht zumuten.

Doch Opel hatte bereits seit 1970 einen eigentlich ganz legitimen Nachfolger oder zumindest Lückenbüßer im Programm: den Manta. Dieses Fahrzeug war die Rüsselsheimer Antwort auf den Ford Capri, der sich seit 1968 sehr gut verkauft hatte. Wobei: Der Manta mit seiner niedrigen Gürtellinie, der langen Motorhaube und dem frechen Heck sah bedeutend sportlicher aus, als er in Wirklichkeit war. Die ersten Mantas mussten mit maximal 90 PS auskommen, vom gleichen Motor aus dem Rekord wie auch der GT. Doch der schicke Opel, der auf Anhieb ein junges Publikum ansprechen konnte, wurde schnell zu einem beliebten Ausgangsprodukt für die Tuner, die in jenen Jahren ihre ersten Gehversuche wagten.

Der Manta A wurde bis 1975 gebaut, es folgte der B, der wiederum die Coupé-Version des gleichzeitig vorgestellten Ascona B war. Der Reiz des Neuen war nun allerdings weg, auch die Motoren waren nicht entscheidend stärker geworden (110 PS im 2,0E). Das änderte sich allerdings über die Jahre, immerhin wurde der Manta B dreizehn Jahre lang gebaut. Die größten Varianten (i300) wurden mit einem 3-Liter-Sechszylinder aus dem Senator/Monza aufgerüstet.

Insgesamt wurden über eine Million Manta verkauft. Und in Deutschland jede Menge Witze über die Besitzer dieser Fahrzeuge und ihre blonden Beifahrerinnen erzählt.

In den USA waren Mitte der sechziger Jahre die sogenannten „Pony-Cars" zu einem großen Erfolg geworden. Eine Stufe unter den echten Sportwagen – wie etwa der Corvette – positioniert, war der Ford Mustang der erste (und auch erfolgreichste) Vertreter

166–167 Opel musste Anfang der sechziger Jahre dringend sein Image aufpolieren – zu konservativ war die Marke. Und was hätte sich dafür besser geeignet als ein kleiner, adretter Sportwagen zu einem günstigen Preis?

dieser neuen Klasse. Ford war der Überzeugung, dass sich dieses Konzept auch für Europa anwenden lassen müsste – und entwickelte unter dem Codenamen Colt ein Fahrzeug mit betont sportlichem Aussehen. Der Name Colt war allerdings schon von Mitsubishi besetzt, also erlebte der Ford seine Premiere im Januar 1969 in Brüssel als Capri.

Die Technik des Capri basierte auf dem Cortina beziehungsweise Taunus, gebaut wurde der flotte Ford in England, Belgien und Deutschland. Die englischen und deutschen Capris unterschieden sich anfangs etwa durch ihre Motorisierung, als Spitzenmotor diente dem deutschen Capri der ersten Generation zuerst ein Zweiliter-V6, ab 1969 ein 2,3-Liter-V6 mit Doppelvergaser, der 125 PS leistete, und von 1970 an im Capri RS 2600 ein 2,6-Liter mit Kugelfischer-Einspritzung und satten 150 PS. Diese Fahrzeuge erreichten schnell Kultstatus. Auf ihm basierte auch eine Rennversion, der 2.6RS, der in seiner Klasse fast unschlagbar war.

Zum Modelljahr 1973 erhielt der Capri ein kleines Facelift, stärker verändert wurde er dann erst wieder 1978. Das Spitzenmodell war unterdessen der 3.0S, der 1981 vom 2.8i mit 160 PS abgelöst wurde. Noch stärker war ein 2,8-Liter-V6-Turbo mit 188 PS, den es ab 1981 zu kaufen gab. Der Capri wurde (in England) bis 1986 gebaut, insgesamt verließen 1,89 Millionen Fahrzeuge die Bänder in den verschiedenen Ländern. Der Capri war auch als Rennwagen sehr erfolgreich. Seine besten Zeiten erlebte er Anfang der siebziger Jahre – und dann noch einmal ab 1978 in der Deutschen Rennsport-Meisterschaft (DRM) mit dem Ford Zakspeed Turbo Capri 1,4. Dieses Fahrzeug erreichte bis zu 600 PS, konnte sich anfangs aber nicht gegen die BMW durchsetzen. Erst 1981 gewann Klaus Ludwig die Meisterschaft, dies aber gegen eine Meute von rund 200 PS stärkeren Porsche.

Bereits ein Jahr vor dem Capri hatte Ford den Escort auf den Markt gebracht. Dieser sollte zum „Käfer-Killer" werden, doch in Deutschland wurde der vom Volksmund „Hundeknochen" (in Anlehnung an die Form seines Kühlergrills) genannte Ford nie so richtig populär. Dies ganz im Gegensatz zu Großbritannien, dort war der Escort ein absoluter Renner. Die verschiedenen Versionen des Escort wurden bis ins Jahr 2000 gebaut – und waren vor allem auf den Rallyepisten dieser Welt sehr erfolgreich.

167 oben Das waren noch Zeiten! Werbung aus dem Jahre 1975 für die Sonderserie „Black Magic" des Opel Manta GT/E (Typ A). Der Wagen sah bedeutend wilder und sportlicher aus, als er in Realität war. Doch die Kundschaft liebte diesen Manta.

168 oben Die sechziger Jahre brachten BMW den Aufschwung, die Marke konnte sich etablieren und auch mit Rennerfolgen ein sportliches Image erarbeiten. Doch von Klasse und Ruf der Mercedes war man noch weit entfernt.

168–169 Der BMW 1500 stellte ab 1961 die „neue Klasse" des bayerischen Herstellers dar. Das Design stammte von Giovanni Michelotti – und BMW konnte geschickt die Lücke schließen, welche die Borgward Isabella hinterlassen hatte.

169 unten Innerhalb von etwas mehr als zwei Jahren konnte BMW vom 1500 knapp 24 000 Exemplare verkaufen. Das war Balsam für die Seele der chronisch finanzschwachen Bayern – die „neue Klasse" brachte neue Hoffnung.

Bei BMW lagen die Dinge Anfang der sechziger Jahre immer noch im Argen. Das Geld war knapp, sehr knapp, die Verkaufszahlen bescheiden – „Der Spiegel", schon damals eine der wichtigsten Publikationen in Deutschland, spottete 1959, dass BMW nur Fahrzeuge baue für „Bankdirektoren und Tagelöhner". In dieser Situation kam die „Neue Klasse", vorgestellt auf der IAA im Jahre 1961 und finanziert von der Familie Quandt, gerade richtig.

Als erstes Modell erschien der BMW 1500 auf dem Markt. Seine äußere Form war vom italienischen Meister Giovanni Michelotti entworfen worden, damals so etwas wie der Hausdesigner von BMW, und wurde von einem vollkommen neuen Vierzylinder angetrieben, den Alexander von Falkenhausen konstruiert hatte.

Der 1,5-Liter schaffte 80 PS, was den BMW in knapp 16 Sekunden von 0 auf 100 km/h beschleunigte. 1963 wurde das Programm um den 1800 erweitert, der schon 90 PS hatte; davon gab es auch eine TI-Version mit 120 PS sowie einen TI/SA (SA für Sonderausstattung), der mindestens 130 PS erreichte. Dieser Wagen legte auch den Grundstein für die mittlerweile sehr lange und erfolgreiche Rennsportkarriere von BMW-Fahrzeugen: Hubert Hahne umrundete 1966 mit einem 1800er als erster Tourenwagenfahrer die berüchtigte Nordschleife des Nürburgrings unter zehn Minuten.

Ab 1964 gab es die „Neue Klasse" auch als Cabriolet sowie ab 1965 als Coupé (2000 C, CA, CS) mit einer Karosserie von Karmann. Doch das wichtigste Modell für die weitere Entwicklung von BMW war sicher der Zweitürer, der 1966 unter der Bezeichnung 1600-2 (später 1602) seine Premiere feierte. Daraus entstand die 02-Baureihe.

Diese, genannt 114, war ursprünglich als Abrundung des Programms nach unten gedacht, überholte aber trotz ihrer nur zwei Türen die „Neue Klasse" schnell an der Verkaufsfront. Die stärksten Versionen kamen mit 2-Liter-Vierzylinder daher, „ti" und „tii" stand für die sportlicheren Varianten. Der „ti" verfügte über einen Solex-Doppelvergaser, der „tii" über die mechanische Kugelfischer-Einspritzanlage, dank der er 130 PS leistete. 1971 kam eine Schrägheckvariante mit der Bezeichnung „touring" dazu, Baur baute zwei Cabrios und ab 1974 war der „turbo" der Gipfel aller Gefühle. Auch im Rennsport waren die 02er sehr erfolgreich und bekräftigten weltweit den Ruf von BMW als sportlicher Marke.

Das ultimative Produkt „Made in Germany" der 60er Jahre war aber der Mercedes 600, interner Code W100. Schon Mitte der fünfziger Jahre hatte der führende Mercedes-Konstrukteur Fritz Nallinger mit den Vorarbeiten begonnen: Ihm schwebte ein Automobil vor, in dem alle technisch machbaren Finessen jener Zeit vereint sein sollten. Es sollte ein „Groß-, Reise- und Repräsentationswagen" sein und Luftfederung, Automatikgetriebe, Klimaanlage, hydraulisch verstellbare Sitze und Fenster (Achtung, nicht elektrisch, das wäre zu wenig aufwendig gewesen!), Servolenkung und auch Servobremsen erhalten. Dabei schaute Nallinger natürlich über den Großen Teich nach Detroit, wo die edelsten Modelle von Cadillac all diese Dinge (außer den hydraulisch verstellbaren Sitzen) schon vorweisen konnten.

170 Die Baureihe W100, besser bekannt als Mercedes 600, war in jeder Beziehung „state of the art". Mercedes wollte (und konnte) beweisen, dass man in Stuttgart fähig war, die besten Autos der Welt zu bauen.

171 Innenansicht eines ganz besonderen Mercedes 600: Dieses Pullman Landaulet wurde 1965 für Papst Paul VI. hergestellt. Es ist allerdings anzunehmen, dass der Papst selbst nie am Steuer gesessen hat.

1960 wurden die ersten Prototypen gefahren, 1963 kam der Wagen dann auf den Markt. Angetrieben wurde er von einem vollkommen neuen 6,3-Liter-V8, der 250 PS leistete. Dieses Triebwerk machte den 600er über 200 km/h schnell, was ihm den Titel „größter Sportwagen aller Zeiten" einbrachte. In knapp zehn Sekunden beschleunigte er von 0 auf 100 km/h, zumindest in der kurzen (5,54 Meter!) und entsprechend leichteren Version (2,5 Tonnen). Den 600er gab es auch als Pullman (6,24 Meter, bis zu 3,3 Tonnen) und als Landaulet (vorne Limousine, hinten Cabrio mit halb zusammmenklapppbarem Verdeck). Es wurden zudem auch zwei wenig schöne Coupés mit 22 cm kürzerem Radstand gebaut, die aber nicht über das Versuchsstadium hinauskamen.

Mercedes hatte sich erhofft, pro Jahr etwa 30 000 Stück des 600 produzieren zu können. Doch bis 1981 wurden gerade mal 2677 Exemplare gebaut – es war ein enormes Verlustgeschäft für Daimler. Insbesondere deshalb, weil schon 1963 die reinen Entwicklungskosten pro Fahrzeug 37 000 DM betrugen – und dies bei einem Verkaufspreis von 56 500 DM (1964–1979 kostete ein Pullman je nach Ausführung zwischen 144 000 und 175 000 DM, fast 100 000 DM mehr als ein auch nicht ganz unrepräsentativer 450 SEL 6.9). Doch der 600 war wichtig für das Image; es sah halt gut und edel aus für die Marke mit dem Stern, dass jahrzehntelang Dutzende von Staatsoberhäuptern, Sportstars und anderen Prominenten im größten aller Mercedes vorfuhren. Berühmte Besitzer eines 600 waren unter anderem John Lennon, Coco Chanel, Elizabeth Taylor und Elvis Presley, aber auch Idi Amin, Leonid Breschnew und Mao Tse-tung.

171 unten Auch in seiner „kurzen" Version war der Mercedes 600 ein gewaltiges Fahrzeug. Dank seines 6,3-Liter-Achtzylinders, der 250 PS leistete, war der Wagen natürlich auch eine ausgezeichnete Reiselimousine.

172 oben links Hochbetrieb an einer Tankstelle im ostdeutschen Bad Doberan im Jahre 1978. In der DDR waren fast ausschließlich ostdeutsche Automobile unterwegs, neben den Trabant sind auch zwei Wartburg zu erkennen.

172 oben rechts Natürlich war man auch in Ostdeutschland nicht gegen amerikanische Einflüsse gefeit. Es gab selbstverständlich Waschanlagen, wie hier die „PGH Waschbär". Das Bild stammt aus dem Jahr 1972.

Das absolute Gegenteil des Mercedes 600 stellte die Automobilproduktion in der ehemaligen DDR dar. Obwohl es in der Ostzone nach dem Zweiten Weltkrieg durchaus noch Produktionsstätten gegeben hätte, kam der Fahrzeugbau in den fünfziger Jahren nur schleppend in Gang. Durch Westdeutschland fuhren schon Millionen von Käfern, als in der DDR immer noch Materialknappheit herrschte. Doch 1954 beschloss das Politbüro, ebenfalls einen Volkswagen zu bauen, als Vorbild galt der seit 1950 in Bremen gebaute Lloyd. Ein Problem gab es aber: Die Außenhaut musste aus Kunststoff gefertigt werden, weil Tiefziehblech, wie es im Automobilbau verwendet wird, im Ostblock in geeigneter Qualität nicht vorhanden war. Die ersten Prototypen namens P50 wurden schon 1954 im Forschungs- und Entwicklungszentrum Karl-Marx-Stadt gebaut. Die Karosserie bestand aus Duroplast, einer Mischung aus Phenolharz und Baumwolle. Doch das Gefährt war kein Erfolg, worauf die Automobilwerke Zwickau (AWZ, vormals Audi) die weitere Entwicklung übernahmen. 1957 gab es eine Nullserie von fünfzig Exemplaren mit der Bezeichnung P50 Trabant. Das kleine Fahrzeug mit seinen 18 PS fand großen Anklang, sodass die AWZ und das Werk Sachsenring (vormals Horch) zur VEB Sachsenring Automobilwerke Zwickau vereinigt wurden.

1963 wurde der „Trabi" grundlegend überarbeitet und erhielt einen größeren Motor (23 PS) und den daraus abgeleiteten Zusatz 600. Bereits 1964 gab es eine neue Version, den 601, der 18 cm länger ausfiel und damit das Aussehen erhielt, das er fast unverändert bis 1991 beibehielt. Ab 1965 kam der Trabant 601 universal, ein Kombi mit stolzen 1400 Liter Kofferraumvolumen. Insgesamt wurden über drei Millionen Exemplare gebaut. Es gab aber noch eine zweite Marke in der DDR, die Automobile baute: Wartburg. Dort wurde das ehemalige BMW-Werk in Eisenach genutzt – und als Basis für das erste Modell, den 311, verwendete man den DKW F9, dessen fortgeschrittene Entwicklung mit Kriegsausbruch eingestellt worden war.

1956 kamen die ersten Modelle auf den Markt, wie

der Trabant mit einem Zweitaktmotor. Es folgten die verschiedensten Karosserie-Varianten des 311, 312, 313 und 314, darunter auch eine „Campinglimousine“, ein „Sportwagen“ und ein „Kabriolett“.
1966 brachte Wartburg dann den 353 heraus, der mit nur wenigen Veränderungen bis 1988 gebaut wurde (1,2 Millionen Exemplare).

172 unten Weil die Automobilproduktion in der DDR bei weitem nicht mit der Nachfrage mithalten konnte, wurden auch stark beschädigte Fahrzeuge wieder gerichtet. Hier wird im Jahre 1966 an einem Trabant gearbeitet.

173 Böse Zungen würden behaupten, dieses Foto von 1972 zeige ein typisches Bild: Ein Trabant wird repariert. Der „Leukoplast-Bomber“ aus der DDR war nicht unbedingt für seine Zuverlässigkeit berühmt.

174–175 Der „Trabi" wurde von 1958 bis 1991 fast unverändert gebaut, er war definitiv „der Volkswagen" von Ostdeutschland.

KAPITEL 6

Der Golf stellt alles in den Schatten

176–177 Der erste Porsche Turbo (korrekt: turbo) von 1974 (hier ein Modell von 1977) war ganz offensichtlich ein 911er, doch er trug die Bezeichnung 930. Mit seinen 260 PS war über 250 km/h schnell.

Das bestimmende Thema der siebziger Jahre in puncto Automobilität waren zweifellos die beiden Ölkrisen von 1973 und 1979/80. Die gravierendere der beiden Krisen war jene vom Herbst 1973, als die Organisation der Erdöl exportierenden Länder (OPEC) im Rahmen eines Embargos bewusst die Fördermengen drosselte; am 17. Oktober kletterte der Preis für ein Barrel (159 Liter) von drei auf fünf Dollar. 1974 lag der Preis sogar bei etwa zwölf Dollar. Plötzlich führte diese Ölkrise den Industriestaaten ihre Abhängigkeit von fossilen Treibstoffen sehr deutlich vor Augen. Als direkte Reaktion wurde in Deutschland sogar viermal ein Sonntagsfahrverbot verhängt, und zwar im November und Dezember 1973.

Natürlich litt auch die deutsche Automobilindustrie heftig darunter. Waren 1973 noch 3,649 Millionen Automobile gebaut worden, so stürzte die Produktion 1974 um 22,2 Prozent auf 2,839 Millionen Exemplare – es war dies der größte Rückschlag seit Wiederaufnahme der Automobilherstellung nach dem Zweiten Weltkrieg. Und die Kundschaft, auf deren Portemonnaie das OPEC-Embargo einen direkten Einfluss hatte, schaute zum ersten Mal überhaupt auf den Verbrauch eines Automobils – „mehr" war jetzt plötzlich nicht mehr „besser".

Doch es gab noch andere Probleme. Schon 1965 hatte der amerikanische Verbraucherschutzanwalt Ralph Nader sein Buch „Unsafe at Any Speed" veröffentlicht, in dem er nachweisen konnte, dass viele amerikanische Automobile Konstruktionsschwächen aufwiesen. Als direkte Folge kam es ab 1976 zu einem Verkaufsstopp für Cabriolets in den USA. Das betraf die deutsche Automobilindustrie zwar nur unwesentlich, doch die Sensibilisierung der Konsumenten für diese Sicherheitsprobleme hatte wiederum zur Folge, dass die Autoindustrie Milliarden in die Verbesserungen des Insassenschutzes investieren musste.

1980 konnte Mercedes als erster Hersteller überhaupt ein Fahrzeug mit Airbag auf den Markt bringen (obwohl Ford in Amerika bereits Anfang der siebziger Jahre den ersten Airbag bei Autos der Marke Mercury installierte).

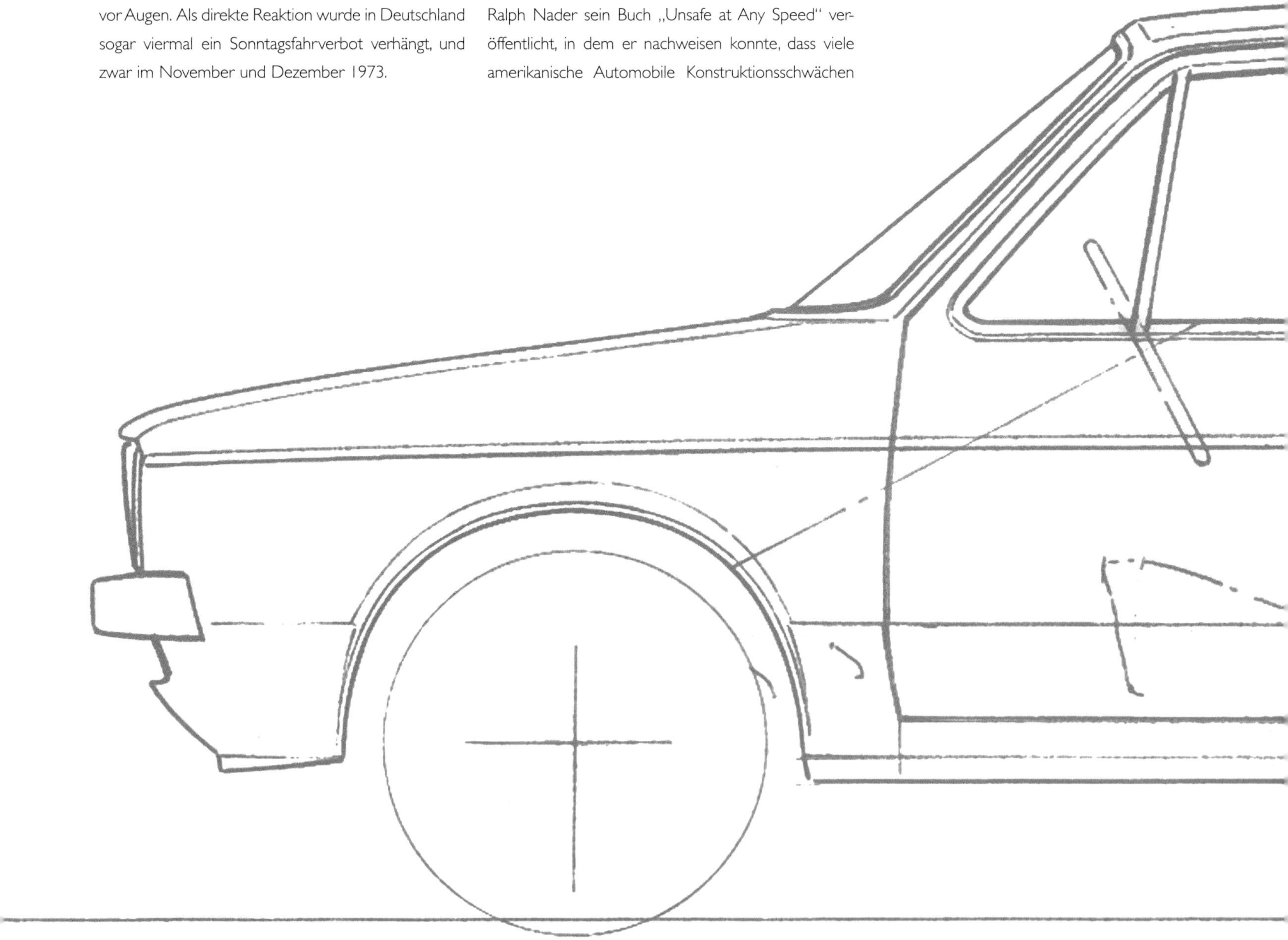

Für Volkswagen erwiesen sich diese schwierigen Zeiten aber als Glücksfall. 1974 hatten die Wolfsburger den Golf auf den Markt gebracht und er gab genau die richtige Antwort auf die Probleme jener Tage. Er war ein kleines, kompaktes Fahrzeug, das mit Frontantrieb, quer eingebautem Motor und vor allem der Heckklappe die komplette Abkehr nicht nur vom Käfer darstellte, sondern auch von den konventionellen Stufenheckmodellen mit Heckantrieb, die dieses so wichtige Segment vorher beherrscht hatten. Aus der Kompaktklasse wurde die „Golfklasse", der Konkurrenz blieb nur das Nachsehen. Dabei stellte der Golf weder einen Vorreiter noch eine Revolution dar; Simca hatte schon 1967 den in Konstruktion und Abmessungen sehr ähnlichen 1100 auf den Markt gebracht, auch gut verkäufliche Autos mit Heckklappe gab es schon länger (etwa Renault 16, ab 1965). Doch VW war mit seinem Golf außergewöhnlich erfolgreich und die deutsche Automobilindustrie hatte zum richtigen Zeitpunkt wieder einmal ein Fahrzeug

178–179 Kunst für ein Kunstwerk: Der erste VW Golf von 1974 war in seiner schlichten, sauberen Logik ein absolutes Meisterwerk. Giugiaro schuf weit mehr als nur ein unsterbliches Design. Eckig und kantig zwar, aber auch schön.

hervorgebracht, das ganze Generationen beeinflussen sollte.
Die Erfindung des Turboladers geht bereits auf das Jahr 1905 zurück, als der Schweizer Ingenieur Alfred Büchi ein Patent für Gleichdruck und Stauaufladung anmeldete. Es dauerte aber noch einige Jahre, bis die ersten Automobile mit turboaufgeladenem Motor vorgestellt wurden. Genau genommen waren es Anfang der sechziger Jahre die Amerikaner mit dem Chevrolet Corvair. Doch so richtig ernsthaft wurde das Thema „Turbo" erst Anfang der siebziger Jahre von der deutschen Autoindustrie behandelt, zuerst in noch kleiner Serie von BMW (1973), dann ab 1974 von Porsche mit größerer Nachhaltigkeit.
Einen Saugmotor mittels Turboladung auf eine höhere Leistung zu bringen, ist eigentlich eine saubere und einfache Lösung. Ein Turbolader besteht aus einer Abgasturbine im Abgasstrom, die über eine Welle mit dem Verdichter im Ansaugtrakt verbunden ist. Die Turbine wird durch die Abgase des Motors in Bewegung versetzt und treibt so den Verdichter an. Dieser wiederum erhöht den Druck im Ansaugtrakt, sodass mehr Sauerstoff für die Verbrennung einer höheren Menge Brennstoff zur Verfügung steht. Dies nun führt zu einer Steigerung des Mitteldrucks und des Drehmoments, was schließlich die Leistungsabgabe (aber auch die thermische Belastung des Motors) erhöht.
Als BMW auf der Frankfurter IAA 1973 den 2002 turbo vorstellt, da ist einerseits die Begeisterung groß, andererseits kommt der Wagen zu einem ungünstigen Zeitpunkt auf den Markt: Die Ölkrise ist auf dem Höhepunkt, eine Rezession macht der deutschen Wirtschaft schwer zu schaffen. Verständlich, dass der BMW turbo nicht zu einem Erfolg wird – nur 1672 Fahrzeuge verlassen die Werkshallen.
Doch der 170 PS starke BMW, von außen an seinem auffälligen weiß-rot-blauen Farbschema und dem in Spiegelschrift auf dem Frontspoiler angebrachten Schriftzug „turbo" (damit man es auch im Rückspiegel lesen konnte ...) zu erkennen, hatte noch mehr Schwächen. Der Turbolader setzte erst bei 3000 U/min ein – bei tieferen Drehzahlen ließ wegen der sehr geringen Verdichtung des Motors die Leistung doch zu wünschen übrig, was auch dazu führte, dass die Fahreigenschaften bei weitem nicht so sportlich waren, wie der BMW aussah.
Nicht viel besser machte es Porsche mit dem 911 Turbo, der 1974 auf den Markt kam. Auch hier setzte der Turbo erst bei 3000 U/min ein – dann aber mit einer derart brachialen Gewalt, dass manch ein Fahrzeug in der Hand eines ungeübten Fahrers verloren ging. Weil die Veränderungen am 911er derart zahlreich waren, auch optisch mit den breiten Hinterbacken und dem mächtigen Heckflügel, erhielt der Turboporsche eine eigene interne Kennnummer, die 930. Die 260 PS machten den Turbo über 250 km/h schnell – Porsche schloss damit zu den italienischen Überfliegern Lamborghini und Ferrari auf.

180–181 Der Porsche 911 Carrera RSR Turbo 2.1 von 1974 ist einer der legendärsten Rennwagen aller Zeiten: Er symbolisiert den Beginn des Turbozeitalters im Rennsport. 500 PS stark war dieses schöne Biest.

181 oben Anfang der siebziger Jahre bestand noch viel Erklärungsbedarf, wie ein Turbomotor denn funktioniert. Den BMW 2002 turbo gab es zunächst nur mit einer sehr aggressiven „Kriegsbemalung". Die ersten Exemplare waren zudem noch mit einer spiegelverkehrten Aufschrift versehen, damit man im Rückspiegel lesen konnte, dass es sich um einen „Turbo" handelte.

Jahrzehntelang hatte sich VW nicht gerade als Trendsetter etablieren können, lange, zu lange nur an Käfer/Bulli festgehalten, dann einige Flops produziert. Doch in den schwierigen Zeiten Anfang und Mitte der siebziger Jahre – die Ölkrise war noch nicht ausgestanden und (nicht nur) den Deutschen war bewusst geworden, wie sehr sie von den Erdöl produzierenden Ländern abhingen – konnte VW neben dem Golf noch ein zweites Mal Vorreiter spielen.

Wobei: Den Anfang machte eigentlich Audi, das damals die ersten Schritte zu einem etwas nobleren Sprössling wagte: Der Audi 50 wurde bereits 1974 vorgestellt (er war innerhalb von nur 21 Monaten entwickelt worden, damals ein Rekord in der Autoindustrie); die Sparversion davon, der VW Polo, kam erst 1975 auf den Markt. Doch im Gegensatz zum kleinen Audi, dessen Produktion bereits 1978 wieder eingestellt wurde, war dem Polo bisher ein langes Leben beschieden; es gibt ihn heute noch, mittlerweile in der sechsten, 2021 ästhetisch und technisch aufgefrischten Generation.

Der erste Polo war wirklich ein spartanisches Fahrzeug. Optisch glich er zwar dem von Giugiaro gestylten Golf, doch er war mit 3,5 Metern Länge winzig. Die Türverkleidungen waren aus Pappe, auf der Beifahrerseite gab es nicht einmal ein Türschloss, auch eine Sonnenblende suchte man vergebens. Dafür waren die Wagen auch nur rund 700 Kilo schwer. Die Motoren hatten 0,9 bis 1,3 Liter Hubraum, erst 1978 gab es eine besser ausgestattete Version mit der Bezeichnung GLS, 1979 kam der GT mit schon erstaunlichen 60 PS. Ab 1977 gab es außerdem ein Stufenheckmodell mit dem Namen Derby.

VW machte sich in den ersten Jahren mit dem Polo aber wenige Freunde. Bei der Produktion des Fahrzeugs wurde ausgesprochen billiges Blech verwendet, das sehr stark rostanfällig war. Die Konkurrenz konnte erst ein Jahr später aufschließen, Ford brachte 1976 den Fiesta auf den Markt. Auch er war nur gerade 3,5 Meter lang, doch Ford ging nicht ganz so sparsam an die Produktion des Wagens, der den Codenamen Bobcat getragen hatte. Auch gab es vom Fiesta, der sich in England weit größerer Beliebtheit erfreuen konnte als in Deutschland, schnell einmal stärkere Versionen, 1980 war der Fiesta S schon bei 84 PS angelangt.

Hier kamen auch zum ersten Mal serienmäßig seitliche Dekorstreifen zum Einsatz. Im Jahr 2023 kündigte Ford an, die Produktion des Fiesta in Europa einzustellen und ihn durch eine vollelektrische Version des kompakten SUV Puma zu ersetzen.

Weit hinter VW und Ford hinkte Opel her, das seinen ersten Kleinwagen namens Corsa erst 1982 vorstellte. Das lag auch daran, dass die Rüsselsheimer keine Erfahrung mit Frontantrieb hatten, der Kadett war 1979 das erste Modell mit vorne angetriebenen Rädern. Der Corsa ist immer noch auf dem Markt und wird auch in einer elektrischen Version angeboten.

Und auf noch einem Gebiet war Volkswagen in den siebziger Jahren schneller als die Konkurrenz: Ab 1979 war das Golf Cabrio auf dem Markt, es dauerte Jahre, bis Ford mit dem Escort, Opel mit dem Kadett und Peugeot mit dem 205 nachzogen (letzterer mit eher mäßigem Verkaufserfolg). Das Golf Cabrio war nicht nur eines der ersten Fahrzeuge überhaupt mit einem festen Überrollbügel, es war vor allem ein sensationeller Erfolg für VW: Es zierte eine kleine Ewigkeit die Spitze der Verkaufsranglisten für offene Fahrzeuge. Gebaut wurde es in zwei Auflagen, die erste von 1979 bis 1993, die zweite von 1993 bis 1998 auf Basis des Golf III; von 1998 bis 2002 gab es auch noch ein sanftes Facelift, offiziell als Golf IV Cabrio bezeichnet, doch die Veränderungen zum Vorgänger waren nur marginal. Seit dem Auslaufen der Produktion bei Karmann gibt es erstaunlicherweise kein Cabrio auf Golf-Basis mehr, weder das New Beetle Cabrio (ab 2003) noch der Eos (ab 2006) können als direkte Nachfolger betrachtet werden. Insbesondere dann nicht, wenn es um die Verkaufszahlen geht.

Das Cabrio hatte es in den siebziger Jahren außerordentlich schwer. Zum ersten Mal in der Automobilgeschichte wurde vor allem in den USA – dem mit Abstand wichtigsten Cabriomarkt der Welt – über die Fahrzeugsicherheit diskutiert, und da sah es für offene Wagen vor allem in Sachen Überrolleigenschaften und Seitenaufprallschutz bedenklich aus. In Zusammenarbeit mit Karmann in Osnabrück entwickelte VW deshalb den festen, stabilen (und optisch nicht gerade eleganten) Überrollbügel, der dem Golf Cabrio der ersten Generation auch den Spitznamen „Erdbeerkörbchen" eintrug.

Damit und dank weiterer Verstärkungen erfüllte das Golf Cabrio auch die strengen amerikanischen Vorschriften. Nicht ganz sauber gelöst war beim ersten Modell noch das Problem mit dem Verdeck: Es musste beim offenen Fahren zwingend durch eine Persenning abgedeckt werden, da es bei schnellerer Fahrt den Drang hatte, sich selbstständig zu machen. Beim Golf III/IV Cabrio hatte VW dieses Problem dann allerdings im Griff.

Trotz aller Erfolge schaffte es der offene Golf aber nie so recht in die Herzen der VW-Fahrer, viele trauerten dem viel charmanteren Käfer Cabrio nach.

184–185 und 185 Die Cabrioversion des VW Golf kam 1979 auf den Markt – und Volkswagen hatte wieder einmal die Nase vorn. Es dauerte Jahre, bis die Konkurrenz mitziehen konnte. „Erdbeerkörbchen" wurde der Wagen im Volksmund genannt. Die Verwendung einer Persenning, mit der das abgeklappte Dach des Golf Cabrio abgedeckt wurde, war vorgeschrieben, da das offene Verdeck bei schnellerer Fahrt die Tendenz hatte, sich selbstständig zu machen. Es dauerte Jahre, bis dieses Problem gelöst werden konnte.

186–187 Eine Ansammlung von legendären quattro-Modellen: Im Vordergrund der S1 Pikes Peak von 1987, schräg dahinter ein S1 Rallye von 1985 und weiter hinten eine etwas ältere Rallye-Version von 1984.

187 unten Im März 1980 wird auf dem Auto-Salon in Genf der erste Audi quattro vorgestellt. Der Allradantrieb wurde zu einem wichtigen Markenzeichen für die Ingolstädter. Der Urquattro (ab 1980) wurde von einem 2,2-Liter-Fünfzylinder-Turbo mit 200 PS angetrieben. Über die Jahre wurde dieses Modell ständig weiterentwickelt, über 11 000 Exemplare wurden gebaut.

Ende der siebziger Jahre begann VW-Tochter Audi an einer technischen Entwicklung zu arbeiten, die heute bei vielen Herstellern nicht nur in Deutschland als Selbstverständlichkeit gilt: dem Allradantrieb. Zwar gab es schon in den sechziger Jahren verschiedene Hersteller, die Personenwagen mit vier angetriebenen Rädern auf den Markt brachten (es sei hier in erster Linie Jensen mit seinem FF genannt, von dem immerhin 320 Stück entstanden; Ford lieferte 22 allradgetriebene Zephyr an die britische Polizei), doch erst Audi mit seinem „quattro"-Antrieb gelang der Durchbruch. „quattro" steht für italienisch „vier", ist ein eingetragenes Markenzeichen und sollte deshalb immer kleingeschrieben werden.

Den Ausschlag für die Entwicklung des Antriebs ab 1977 gab der Audi-Versuchsleiter Jörg Bensinger, der bei Testfahrten in Skandinavien festgestellt hatte, dass ein VW Iltis (75 PS, Höchstgeschwindigkeit 100 km/h, 0 bis 100 km/h in doch 21 Sekunden), der nur als Begleitfahrzeug diente, auf Schnee das mit Abstand schnellste und am einfachsten zu lenkende Fahrzeug war. Er berichtete dem damaligen Vorstand der Fahrzeugentwicklung bei Audi, Ferdinand Piëch, von dieser Entdeckung und bat ihn, einen Prototypen auf Basis des Audi 80 mit Fünfzylinder-Turbo (160 PS) und eben Allradantrieb bauen zu dürfen. Dieses Fahrzeug und weitere Prototypen schlugen beim VW-Vorstand ein wie eine Bombe, der sofort grünes Licht für die Entwicklung eines Audi mit Allradantrieb gab. Schon im März 1980 wurde auf dem Genfer Auto-Salon am Stand von Audi der „quattro" präsentiert. Auch dieser basierte auf dem Audi 80 und dem davon abgeleiteten Coupé, wurde aber durch verbreiterte Kotflügel, voluminösere Stoßfänger und einen Heckspoiler optisch aufgewertet. Das Fahrzeug, im Laufe der Jahre dann als „Urquattro" bekannt geworden, besaß einen permanenten Allradantrieb mit mittlerer und hinterer Differenzialsperre. In den ersten Jahren – der Urquattro wurde gut zehn Jahre lang gebaut (insgesamt 11 452 Exemplare) – konnte man beide oder nur die hintere Sperre manuell über Seilzüge und zwei Klauenkupplungen ein- und ausschalten. Über die Jahre wurde der quattro-Antrieb ständig verfeinert, vor allem ein Torsen-Differenzial stellte eine entscheidende Verbesserung dar.

Ab 1984 gab es eine verschärfte Variante des Urquattro, den Audi Sport quattro. Dessen Radstand war um 32 Zentimeter verkürzt, die Länge betrug nur noch 416 Zentimeter. Unter der Haube arbeitete nun ein 306 PS starker Motor. Der Sport quattro stellte auch das Basisfahrzeug für die Gruppe-B-Rallyeautos dar. Mit dem kurzen quattro konnte Audi 1984 die Rallye-Weltmeisterschaft sowohl bei den Konstrukteuren als auch bei den Fahrern (Stig Blomquist) gewinnen.

Als sich BMW 1976 erstmals Gedanken über einen Supersportwagen machte, dachte man eigentlich nicht an eine Serienproduktion. Doch als der M1 dann im Herbst 1978 auf dem Pariser Autosalon das Licht der Welt erblickte, war die Resonanz derart groß, dass sich die Münchner zufrieden zurücklehnen konnten. Ihnen war ein fantastischer Coup gelungen, der M1 dürfte die meistbeachtete Premiere von Paris gewesen sein. Genau 100 000 Mark kostete so ein M1 mit seinem 277 PS starken Mittelmotor damals – dafür bekam man seinerzeit vier BMW 323i, der sicher nicht von schlechten Eltern war.

Die Richtung für den M1 hatte der 1972 vorgestellte Prototyp BMW Turbo (E25) vorgegeben. Dieses Fahrzeug, gestylt von Paul Bracq, war ein Versuchsträger für die neue Turbotechnologie, doch sein Design beeinflusste Giorgio Giugiaro entscheidend bei seinen Zeichnungen für den M1. Ursprünglich sollte der M1 bei Lamborghini in Sant'Agata Bolognese gebaut werden, doch dieses Geschäft kam nicht zustande, sodass schließlich Baur in Stuttgart den Zuschlag erhielt. Gerade einmal 460 Stück wurden vom M1 hergestellt.

Entscheidender jedoch für die zukünftige Entwicklung von BMW war die Gründung einer eigenen BMW Motorsport GmbH, die für die Bayern einen ähnlichen Effekt hatte wie für Audi der quattro. Alle heutigen M-Modelle aus München werden von dieser Gesellschaft entwickelt und produziert – und da gibt es ja einige schöne Erfolgsgeschichten wie die des M3, der zum erfolgreichsten Touren-Rennwagen aller Zeiten wurde, oder des M5, Sinnbild für die extrem schnelle Familienlimousine.

Die Ursprünge dieser Motorsport GmbH reichen aber weiter zurück, bis in die Anfänge der siebziger Jahre. Damals, 1971, waren in Zusammenarbeit zwischen BMW und Alpina einige Leichtbau-Coupés des Modells 3.0 CS, genannt CSL, hergestellt worden, die als Homologationsserie für den Rennsport dienten. 169 Stück gab es von dieser ersten CSL-Serie, die nur 1165 kg wog. Zwischen August 1972 und August 1973 entstanden 939 Exemplare einer zweiten CSL-Serie mit jetzt 200 statt 180 PS. Am berühmtesten wurde allerdings die dritte Ausbaustufe des 3.0 CSL (Juli 1973 bis November 1975, 3,2 Liter Hubraum, 206 PS): Das sogenannte „Batmobil", zu erkennen an seinem riesigen Heckflügel, war der erste BMW, der die späteren Farben der M GmbH trug.

188–189 Der 1972 vorgestellte, von Paul Bracq gezeichnete BMW Turbo (E25) war leider nur ein Versuchskaninchen. Doch Mittel- plus Turbomotor sowie die Flügeltüren waren ungewöhnlich für die BMW jener Jahre.

189 oben Das Design für den BMW M1 stammte von Giorgio Giugiaro (Firma: Italdesign). Ursprünglich war geplant gewesen, dass Lamborghini den Sportwagen bauen sollte, doch diese Idee zerschlug sich rasch. Der BMW M1 ist einer der Meilensteine in der Geschichte der Bayerischen Motoren Werke. Zwischen 1978 und 1981 wurden nur 460 Exemplare des Sportwagens hergestellt. Der M1 wurde von BMW natürlich auch als Rennwagen eingesetzt – am meisten Aufsehen erregte die ungewöhnliche Procar-Serie, die 1979/80 im Vorprogramm zu verschiedenen Formel-1-Rennen durchgeführt wurde.

Im Auftrag von VW hatte Porsche Anfang der siebziger Jahre einen Sportwagen konstruiert, der sich mit vielen Gleichteilen aus dem VW/Audi-Programm sehr günstig produzieren lassen sollte. Doch obwohl die VW-Händler lautstark nach einem Nachfolger des ehemaligen VW-Porsche 914 riefen, wurde der Wagen nicht gebaut, Wolfsburg befand sich nach der Ölkrise noch in einem zu tiefen Schock, außerdem musste noch die große Investition in den Golf verdaut werden. Porsche kaufte die Rechte an seiner Konstruktion zurück, um das Fahrzeug unter seinem eigenen Label und mit der Typbezeichnung 924 zu bauen. Hergestellt wurde der „Volksporsche" dann aber ab 1976 zum größten Teil im Audi-Werk in Neckarsulm, nicht zuletzt deshalb, weil viele Teile ohnehin aus den Regalen von VW/Audi stammten.

Zu Beginn wurde der 924 von der Porsche-Familie nicht so richtig anerkannt. Das lag nicht nur an den „Billigbestandteilen", sondern auch daran, dass der kleine Porsche ausschließlich mit Vierzylindermotor angeboten wurde. Doch der 924 und seine direkten Nachfolger 944 und 968 waren Mitte der achtziger Jahre deutlich erfolgreicher als der legendäre 911; 1986 wurden 30 784 Exemplare verkauft, der 911 schaffte knapp ein Drittel davon.

Ungewöhnlich am 924 (und auch am 944, 968 und 928) war die Transaxle-Bauweise mit dem Motor vorne und dem Getriebe hinten an der angetriebenen Achse. Das sorgte für eine ausgeglichene Gewichtsverteilung sowie ein neutrales, sportliches Fahrverhalten, war allerdings auch teuer in der Produktion. Und eben diese Kosten waren es, die dem Porsche mit Frontmotor letztendlich auch den Garaus machten: 1994 lief der 968, in der stärksten Version mit über 300 PS, aus.

Nur ein Jahr nach dem 924 brachte Porsche den 928 auf den Markt. Dieses Fahrzeug, wie der 924 in Transaxle-Bauweise konstruiert, sollte eigentlich den 911 ablösen. Deshalb erhielt er auch einen für damalige Verhältnisse bärenstarken Motor, einen 4,5-Liter-V8 mit 240 PS. Doch die Porsche-Kundschaft akzeptierte den 928 nicht als Sportwagen, man sah in ihm immer nur einen Gran Turismo, der er ja eigentlich auch war. Ende der siebziger Jahre war der 928 technisch sicher das bessere Auto als der 911, doch die Klientel schaffte es durch fortwährende Proteste, dass auch der Neunelfer weiter aufgerüstet und verbessert wurde, sodass sich das Verhältnis tatsächlich wieder umkehrte und der „klassische" Porsche erneut zum Vorzeigemodell der Marke wurde.

Ein Problem des 928 war, dass er kaum Verwendung im Rennsport finden konnte. Seine aufwendige Hinterachskonstruktion, als Weissach-Achse in die Autogeschichte eingegangen, war zwar eine wegweisende Entwicklung, doch sie eignete sich in ihrer komfortablen Auslegung nicht für die Rennstrecke.

Über die Jahre wurde der 928 dennoch fleißig aufgerüstet: Die stärkste Variante, der von 1992 bis 1995 gebaute GTS, schaffte 350 PS aus 5,4 Litern Hubraum.

190–191 Mitte der siebziger Jahre hatte Porsche im Auftrag von Volkswagen einen kostengünstigen Sportwagen konstruiert. Doch VW stellte das Projekt zurück, Porsche kaufte die Rechte und 1976 wurde das Modell 924 geboren.

191 oben Schnittzeichnungen durch einen Porsche 924 von 1976. In den ersten Produktionsjahren stammten allzu viele Teile von VW/Audi, was das traditionsbewusste Porsche-Publikum gar nicht goutierte.

924

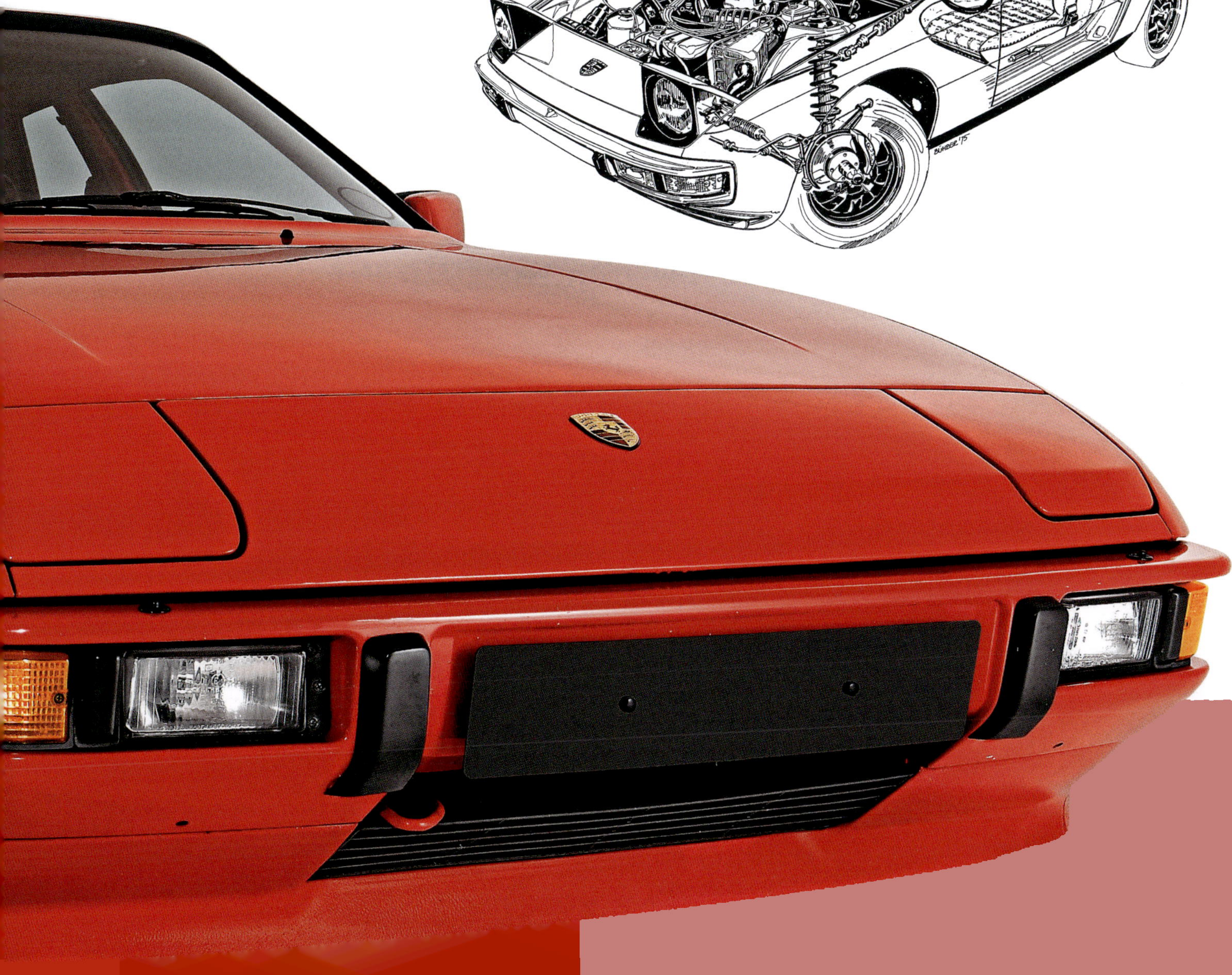

192 und 192–193 Die Mercedes G-Klasse wird seit 1979 fast unverändert gebaut – und gilt zu Recht als einer der besten Geländewagen der Welt. Entwickelt worden war sie auf Wunsch des Schahs von Persien, der einen Jagdwagen in seiner Fahrzeugflotte haben wollte.

Mit dem G (für Geländewagen) schuf Mercedes-Benz einen absoluten Klassiker, der seit 1979 bis heute praktisch unverändert gebaut wird. Die Entwicklungsarbeiten begannen bereits 1972 in Kooperation mit der österreichischen Steyr-Daimler-Puch, anscheinend auf Drängen des Schahs von Persien, der damals im Besitz von 18 Prozent der Daimler-Aktien war und einen Jagdwagen sowie ein Fahrzeug für seine Grenzpatrouillen wünschte. Bei Daimler hoffte man auch auf die deutsche Bundeswehr als Abnehmer, doch aus Kostengründen entschied sich diese dann für den VW Iltis. Schon 1975 wurde die Serienproduktion beschlossen und als Fertigungsstandort Graz gewählt, wo der G auch heute noch gebaut wird.

Der G von Mercedes ist ein klassischer Geländewagen mit Kastenrahmen, wie er etwa auch beim Land Rover Defender (der noch ein paar Jahrzehnte mehr als der G auf dem Buckel hat) zum Einsatz kommt. Typisch sind die starren Achsen, die langen Federwege, die große Bodenfreiheit und die zuschaltbaren Differenzialsperren. Im Gelände gehört der G auch heute noch zum Besten, was es für Geld zu kaufen gibt. Inzwischen hat er sich aber vom harten Arbeiter zu einem Statussymbol entwickelt, er wird wohl deutlich seltener im Gelände gefahren, als in der Stadt vor coolen Clubs und teuren Shoppingmeilen geparkt; der robuste und spartanische Geländewagen ähnelt inzwischen mehr einem SUV. Nicht mehr genügsame, zuverlässige Diesel sind gefragt (der erste G verfügte über einen 2,4-Liter-Selbstzünder mit 72 PS, der ihn 117 km/h schnell machte), sondern wuchtige Achtzylinder: Die heutige Top-Version, der G 55 AMG, ist 500 PS stark und mit dieser Kraft schon im leichten Gelände kaum mehr fahrbar. Aktuell sind drei Karosserievarianten lieferbar, ein Cabrio mit kurzem Radstand sowie zwei Station Wagon mit kurzem oder langem Radstand.

KAPITEL 7

Schwierige Zeiten

194–195 Der Porsche 959 war das absolute „Überauto" der achtziger Jahre: 450 PS stark, zwei Turbos, Allradantrieb, über 300 km/h schnell. In nur 3,7 Sekunden konnte er von 0 auf 100 km/h beschleunigt werden.

Die achtziger Jahre sahen, unter anderem, das Ende des Kommunismus. Das war für die deutsche Automobilindustrie insofern wichtig, als der weiterhin wichtigste Markt, nämlich der im Inland, auf einen Schlag deutlich größer wurde. Doch zuerst einmal ging es bergab: 1980 gab es in der deutschen Autoproduktion einen Einbruch von 3,93 auf 3,52 Millionen Exemplare. Nur langsam erholte sich die Industrie wieder, die zweistelligen Zuwachsraten gehörten jedoch der Vergangenheit an. 1989 war man in Deutschland bei 4,56 Millionen Stück angekommen, die Erwartungen hatten weit höher gelegen.

Doch noch ein Thema gewann immer größere Bedeutung. 1980 wurde die Partei „Die Grünen" gegründet, die Umweltbewegung hatte jetzt ein politisches Sprachrohr. Dieses war anfangs noch ziemlich leise, doch etwa durch die Atomreaktorkatastrophe von Tschernobyl (1986) erhielten ökologische Aspekte immer mehr Bedeutung. Und auch die ständig zunehmende Massenmotorisierung, mehr Unfälle, Staus etc., unter anderem hervorgerufen durch eine Einschränkung des unrentablen Schienenverkehrs, ließen das Auto immer mehr in die Kritik geraten. Das dürfte auch der Grund gewesen sein, weshalb in den achtziger Jahren vermehrt die Ingenieure das Sagen hatten und das Design in den Hintergrund rückte. Auch deshalb wurde es wohl kein glorreiches Jahrzehnt für die Automobilindustrie: Die Fahrzeuge begannen sich immer mehr zu gleichen, technische Machbarkeit wurde weit über die Optik gestellt, und daher gab es in diesen Jahren auch nur wenige Fahrzeuge, die als außergewöhnliche Produkte in die Geschichte eingehen werden.

Noch machten die Verkaufszahlen der japanischen Hersteller Europa nicht zu schaffen. Doch viele Manager blickten ziemlich sorgenvoll gen Osten, denn die Japaner hatten die deutschen Hersteller in den achtziger Jahren bereits überholt, wenn es um Effizienz ging. Lean Management und Just-in-time-Produktion lauteten die Stichworte.

Einer der wichtigsten Protagonisten in diesem Spiel hieß José Ignacio López de Arriortúa. Er hatte Anfang der achtziger Jahre für Opel in Spanien ein Werk errichtet, das in seiner Effizienz als vorbildlich galt: Kernidee seines Konzepts waren Produktionszuwächse ohne Investitionen, weil er diese von den Zulieferern realisieren (und finanzieren) lassen wollte. 1987 wurde ihm bei Opel die Verantwortung für Produktion und Einkauf übertragen, schon ein Jahr später rückte er in die gleiche Position bei GM Europe in Zürich auf. Der López-Effekt war nachhaltig: Er wurde zum Synonym für billige und deshalb oft mangelhafte Bauteile, die der Kunde später durch teure Reparaturkosten zu bezahlen hatte. López war dann in den neunziger Jahren, nachdem er von VW abgeworben worden war, noch in einen größeren Skandal verwickelt, weil er die Baupläne des neuen Opel Corsa nach Wolfsburg mitgebracht hatte.

196 Designmodelle, die Ende der achtziger Jahre bei der Entwicklung des C140 (Coupé der S-Klasse W140, 1992–1999) entstanden. Zu sehen sind die verschiedensten Einflüsse, vor allem des amerikanischen Geschmacks.

197 Szene einer langen Arbeit: Im Designstudio von Mercedes wird Ende der achtziger Jahre an der neuen S-Klasse (interne Bezeichnung: W140) gearbeitet. Noch hat der Computer nicht in allen Bereichen Einzug gehalten.

BMW hatte wieder einmal die Nase vorne: Schon früh hatten die Bayern erkannt, dass bei den Käufern Bedarf nach leistungsgesteigerten Fahrzeugen bestand. Nun konnte man dieses Feld den Tunern überlassen (was BMW durch relativ enge Kooperationen mit Alpina oder Schnitzer auch tat), oder man konnte das Segment selbst bearbeiten. Mitte der achtziger Jahre unternahm BMW über seine M GmbH einen entscheidenden Schritt, der langfristige Folgen hatte: 1986 kam der erste BMW M3 auf den Markt. Der M3 war zwar nicht das erste Fahrzeug der M GmbH, schon Anfang der 70er Jahre gab es den 3.0 CSL in Leichtbauweise, 1978 folgte der M1, zu Beginn der Achtziger zierte der Buchstabe M auch einige Modelle der damaligen 5er-Reihen. Doch der M3 ging noch weiter: BMW stellte zu einem noch vernünftigen Preis ein Fahrzeug auf die Räder, das ein perfektes Basisprodukt für den Renneinsatz war – und das die Bearbeitung durch fremde Tuner obsolet machte.

Der erste M3 (E30) verfügte über einen 2,3-Liter-Vierzylinder, der beachtliche 194 PS leistete. Zuerst gab es ihn nur als zweitürige Limousine, ab 1989 konnte er auch als Cabrio bestellt werden. Die Veränderungen gegenüber dem „normalen" E30 waren offensichtlich, die Kotflügelverbreiterungen, Spoiler und Schwellerverkleidungen machten was her. Doch die Modifikationen gingen noch deutlich tiefer – die Heckscheibe wurde aus aerodynamischen Gründen etwas flacher, der leichtere Kofferraumdeckel um etwa vier Zentimeter höher angesetzt. Das verbesserte den Geradeauslauf deutlich – und das war auch nötig: Die ersten M3 waren stolze 245 km/h schnell und beschleunigten in 6,9 Sekunden von 0 auf 100 km/h. Rund 18 000 Exemplare wurden zwischen 1986 und 1992 gebaut – ein sensationeller Erfolg für BMW. Doch nicht nur an der Verkaufsfront konnte der erste M3 abräumen, auch auf den Rennstrecken gab er Vollgas: Er gilt als der erfolgreichste Renntourenwagen der Welt. Er verbuchte mehr als 1500 Siege, 60 Meisterschaften, sieben Berg-Europameisterschaften und acht Siege bei den 24-Stunden-Rennen von Spa und auf dem Nürburgring. 1987 wurde Roberto Ravaglia auf einem M3 auch zum ersten Mal Tourenwagen-Weltmeister.

Natürlich war die Karriere des M3 1992 mit der Ablösung des E30 durch den E36 nicht zu Ende. Wieder entstand eine M3-Version, jetzt mit 3-Liter-Sechszylinder und 286 PS. Zuerst gab es nur das Coupé, ab 1993 folgte die viertürige Limousine, ab 1994 auch noch das Cabrio. Ab 1996 kam dann der 3,2-Liter-Sechszylinder mit 321 PS zum Einsatz, und ab 1997 war der M3 mit dem gegen Aufpreis lieferbaren SMG-Getriebe das erste Serienfahrzeug der Welt, das über ein sequenzielles Getriebe verfügte. Bis 1999 entstanden exakt 71242 Stück des M3 (E36).

Das Nachfolgemodell E46 erhielt dann ab 2000 einen vollkommen neuen 3,2-Liter-Sechszylinder, der nach dem Hochdrehzahlprinzip arbeitete. Die Maschine war nun 343 PS stark und beschleunigte in nur 5,2 Sekunden von 0 auf 100 km/h. Besonders interessant war ein mehr oder weniger limitiertes Sondermodell (es wurden über die Jahre immerhin 1383 Stück gefertigt) mit der Bezeichnung CSL, das deutlich leichter war und über einen stärkeren Motor (360 PS) verfügte. Der CSL ist bereits zu einem begehrten Liebhaberstück geworden.

Seit 2007 ist schließlich die jüngste Variante des M3 (E92) auf dem Markt. Unter der Haube sitzt ein 4-Liter-Achtzylinder mit 420 PS. Doch für viele M3-Fans stellt der rund 1,7 Tonnen schwere E92 einen Verrat an der ursprünglichen Idee dar: Der Wagen ist zu wenig handlich und in seinem Auftritt zu protzig.

199 oben Die Baureihe E30 von BMW wurde zwischen 1982 und 1994 gefertigt – und zementierte den Ruf von BMW als Hersteller sportlicher Limousinen. Es gab den 3er auch mit feinen Sechszylinder-Motoren.

198–199 Der Nachfolger des E30 war ab 1990 der E36 (bis 2000). Auch von diesem Modell gab es wieder eine großartige Vielfalt bis hin zum potenten M3. Bloß ein Fahrzeug mit Allradantrieb war nicht mehr erhältlich.

320i
M ZM 5891
Überlassen Sie ihm doch mal das Steuer Ihres 6-Zylinders.
Wenn Sie einen BMW 320i fahren, ist es durchaus möglich, daß Ihr Begleiter zum Kavalier der alten Schule wird. Obwohl er voll emanzipiert ist.
Er weiß zu schätzen, daß Sie im Beruf und Privatleben Ihren Mann stehen. Genauso wie er weiß, daß Sie sich für die Fahrkultur eines 6-Zylinders entschieden haben.
Für starke Durchzugskraft in allen Drehzahlbereichen.
Für schnelle Beschleunigung (von 0 auf 100 km/h in 10,2 s) und ein sportliches Fahrwerk, das die 129 PS sicher auf die Straße bringt.
Dafür sorgen auch die serienmäßigen Niederquerschnittsreifen.
Dazu kommt die umfangreiche Ausstattung: 5-Gang-Getriebe, elektronische Einspritzung, Check-Control und Energie-Control. Das Interieur vermittelt durch Funktionalität und Design das Gefühl von Perfektion.
Daß der BMW 320i auch ein Juwel für's Auge ist, bleibt Ihrem Begleiter sicher ebenfalls nicht verborgen.
Bei den Metallic-Grundfarben schwarz, polaris und delphin können Sie die individuelle Ausstattung 'Shadow' wählen. Mit schwarzen Fensterrahmungen und Seitenleisten. Stoßstangen und Außenspiegel in Wagenfarbe.
Daß er Sie fragen wird, ob Sie ihm einmal das Steuer überlassen könnten, ist sicher. Und seien Sie dann so souverän, es auch zu tun.
BMW 320i
Kauf, Finanzierung oder Leasing – Ihr BMW Händler ist der richtige Partner.
BMW
Freude am Fahren

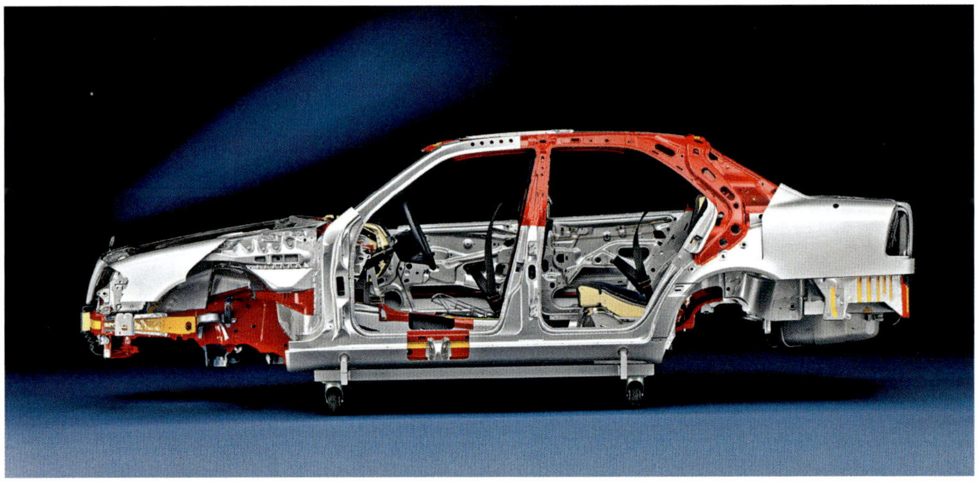

Der Erfolg der 3er-Reihe von BMW (E21, ab 1975) gab Mercedes-Benz zu denken. Doch gegen den 3er anzu-treten, das bedeutete für die Nobelmarke aus Stuttgart auch, dass man sich aus dem angestammten Gebiet der gehobenen Mittelklasse in tiefere Gefilde herablassen musste: Damit tat sich die Daimler-Führung anfangs sehr schwer. Doch am 8. Dezember 1982 kam er dann doch auf den Markt, der Mercedes W201, genannt 190er oder „Baby-Benz". Mercedes bezeichnete ihn intern als „Kompaktklasse", doch das war der W201 natürlich nicht, denn er trat ja nicht gegen den damals schon sehr erfolgreichen VW Golf an. Aber allein schon diese Bezeichnung zeigt in etwa die Wertschätzung, die der „Baby-Benz" anfangs intern genoss. Doch die Kritiker wurden schnell ruhig, der 190er verkaufte sich wie warme Semmeln: In etwas mehr als zehn Jahren wurden knapp 1,9 Millionen Exemplare abgesetzt, was den W201 zu einem der erfolgreichsten Modelle in der gesamten Mercedes-Geschichte macht.

Beim Design wagte Mercedes den Bruch mit dem bisherigen, eher konservativen Stil. Der kurze, hohe, sich nach hinten verjüngende Heckabschluss wurde zum Markenzeichen des W201 (und auch seiner Nachfolger), zudem war der „Baby-Benz" der erste Mercedes, der mit Ausnahme des Kühlergrills vollkommen auf Chromschmuck verzichtete.

Es gab auch einige erstaunliche technische Neuerungen beim W201. Er war der erste Mercedes mit der Raumlenker-Hinterachse und erhielt als erstes Fahrzeug der Neuzeit des Automobils einen Scheibenwischer, der nur einen Arm hatte. Unter der Haube arbeiteten vergleichsweise konventionelle Maschinen; hier konnte Mercedes dem Konkurrenten aus München nicht das Wasser reichen. Das gilt auch für den 190E 2.5-16, der als Konkurrent zum M3 antrat und weniger durch brachiale Leistung als seinen riesigen Heckflügel auffiel. 1992 erreichte Mercedes aber mit diesem Fahrzeug doch den souveränen Sieg bei der Deutschen Tourenwagen-Meisterschaft (DTM). Der Vierventil-Zylinderkopf für dieses Fahrzeug stammte von Cosworth.

Der W201 wurde im Juni 1993 vom W202 abgelöst. Die neue Mittelklasse von Mercedes wurde C-Klassegetauft – und bereitete der Marke einige Kopfschmerzen, weil es große Qualitäts- und vor allem Rostprobleme gab.

200 oben Vor allem der amerikanische Gesetzgeber setzte die Hersteller ab den siebziger Jahren mit strengen Vorschriften zur Insassensicherheit unter Zugzwang. Hier eine C-Klasse bei einem reglementierten Crashtest.

200 unten Mercedes hatte schon ab den sechziger Jahren seine Anstrengungen zur Verbesserung der Sicherheit ständig verstärkt. Beim W202 waren dann ab 1997 Seitenairbags und ein Bremsassistent serienmäßig.

200–201 Klaus Ludwig in einem Mercedes 190 E 2.5-16 beim DTM-Lauf in Mainz-Finthen am 14. Mai 1989. Es war die Premiere des AMG-Mercedes, Topfahrer Ludwig (Nr. 1) schied schon im ersten Lauf aus.

201 unten Der erfolgreiche „Baby-Benz" (W201) war mit den verschiedensten Motoren (vier, fünf und sechs Zylinder, alle immer schön in Reihe) erhältlich. Unverändert blieb aber die Bauweise: vorne längs eingebaut.

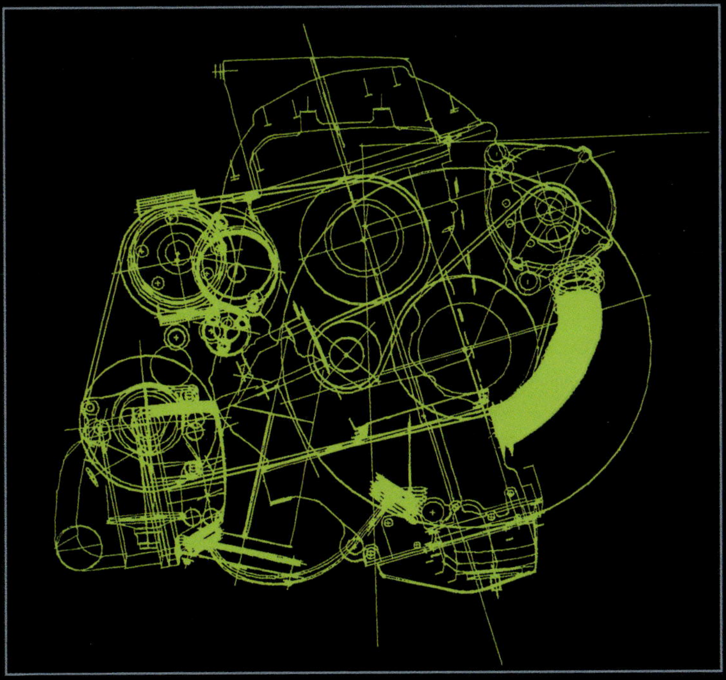

Solche Probleme hatte es beim Vorzeigemodell von Mercedes, der S-Klasse, nie gegeben. Schon früher trugen Fahrzeuge bei Mercedes die Bezeichnung „S", im Volksmund hieß bereits der W108/109 (1965–1972) „S-Klasse", doch erstmals offiziell als S-Klasse bezeichnet wurde die Baureihe W116, die 1972 auf den Markt kam. „S" steht, wen wundert es bei den Ansprüchen von Mercedes an sich selbst, für „Sonderklasse".

Der W116 war schon ein außergewöhnliches Fahrzeug – Mercedes konnte mit diesem Wagen seinen Führungsanspruch in der Premiumklasse nicht nur anmelden, sondern auch gleich etablieren. Allerdings profitierten die Stuttgarter dabei auch von den zwischenzeitlichen Schwächen der Konkurrenz: Bei den Amerikanern saß der Schock der Ölkrise tief, Rolls-Royce/Bentley pflegten den Stillstand auf höchstem Niveau. So kam es, dass der 1975 vorgestellte 450 SEL 6.9 nicht nur von der deutschen Presse als wohl bestes Auto der Welt angesehen wurde. 1978 war der W116 das erste Fahrzeug weltweit, das mit einem vollelektronisch gesteuerten ABS verfügbar war. Über 470 000 W116 liefen bis 1980 vom Band.

Ab 1979 konnte Mercedes seinen Vorsprung mit dem W126 weiter ausbauen. Mit fast 900 000 verkauften Exemplaren ist der W126 die erfolgreichste S-Klasse und gleichzeitig das meistgebaute Oberklassefahrzeug

aller Zeiten; allerdings verfügte diese Modellreihe mit zwölf Jahren auch über einen ungewöhnlich langen Lebenszyklus. Doch der Erfolg des W126 wundert nicht: Bruno Sacco gelang ein zeitlos gutes Design und Werner Breitschwerdt als Verantwortlicher für die Technik konnte ebenfalls mit zahllosen Finessen aufwarten. Die Konkurrenz aus den USA und Großbritannien wurde um Meilen abgehängt; einzig BMW mit seiner 7er-Reihe (E23 ab 1977, E32 ab 1986) konnte einigermaßen mithalten. Audi kam mit seinem A8 erst 1988 auf den Markt.

1981 war die S-Klasse das erste Automobil der Welt, das optional mit einem Airbag angeboten wurde – „Luftsack" hieß das damals noch im Prospekt. Der Beifahrer-Airbag folgte für das Modelljahr 1988. Schon 1987 gab es eine erste Antriebsschlupfregelung, der von 1985 bis 1987 gebaute 300 SD war das erste Dieselfahrzeug mit Partikelfilter.

Noch heute ist der W126 der Inbegriff der gepflegten Oberklasselimousine. Deshalb erfreut sich diese S-Klasse auch bald zwanzig Jahre nach Ende ihrer Produktionszeit großer Beliebtheit.

Das dürfte auch daran liegen, dass der direkte Nachfolger, der W140, zwischen Juli 1990 und September 1998 gebaut, ein ziemlicher Flop war. Nicht einmal die Hälfte der Verkaufszahlen des W126 konnte erreicht

202–203 Eine Maßkonzeptionszeichnung – welch wundervoller Name – von März 1977. Hier vom Coupé der S-Klasse (W126, inoffiziell C126), das im Herbst 1981 vorgestellt wurde. Man beachte die langen Entwicklungszeiten.

202 unten Ein 1 : 5-Modell einer Mercedes S-Klasse (W116, 1972–1980) wird automatisch in Längs-, Quer- und Höhenschnitte abgetastet. Dieses Verfahren war wichtig für die Entwicklung der Fertigungswerkzeuge.

203 oben Der von 1979 bis 1991 gebaute W126 ist das erfolgreichste Oberklassemodell aller Zeiten, fast 900 000 Exemplare liefen vom Band. Diese S-Klasse prägte den guten Ruf von Mercedes auf der ganzen Welt entscheidend mit.

203 unten Eine S-Klasse (W126) im Windkanal bei der aerodynamischen Erprobung. Im Vordergrund ein Sparmobil, das am 8. Juli 1979 mit einem einzigen Liter Diesel die unglaubliche Distanz von 967 Kilometern schaffte.

204 *Kühlergrill und Logo sind wesentliche Elemente für den Wiedererkennungswert einer Automarke. Das oft sehr charakteristische Basisdesign wird je nach Baureihe in Formgebung und Aussehen verändert.*

werden, zum einen weil das Design nicht besonders elegant oder gar gelungen war; zum anderen war der W140 schlicht und einfach zu groß (5,11 Meter lang). Anfänglich bereitete sogar der Transport in Autoreisezügen wegen der Fahrzeugbreite Probleme. Bei den ersten Fahrzeugen stellte sich schnell heraus, dass das zulässige Gesamtgewicht schon mit vier Personen erreicht war (was Anlass für allerlei sarkastische Scherze in der Fachpresse lieferte); Mercedes musste mit einigen teuren technischen Änderungen reagieren. Mittlerweile gibt es schon zwei neuere Generationen der S-Klasse, den W220 (1998 bis 2005) und den W221 (ab 2005). Während der W220 noch eine sinnvolle, auch elegante Rückbesinnung auf alte Tugenden der S-Klasse darstellte, geriet das aktuelle Modell wieder etwas zu aufgedunsen, zu protzig – und verkauft sich ähnlich schleppend wie der unglückselige W140.

204–205 Eine Designstudie für den W140 aus dem Jahre 1987. Es macht ganz den Eindruck, als ob die Designer damals von allen guten Geistern verlassen waren. Der W140 war dann auch ein Flop (406 717 Exemplare).

205 Obwohl die Computertechnik sehr weit fortgeschritten ist und fast alle Designarbeiten am Bildschirm vonstatten gehen, werden auch heute noch die ersten dreidimensionalen Modelle eines neuen Fahrzeugs in Ton hergestellt.

BMW

206–207 Die 8er-Reihe von BMW, intern mit E31 bezeichnet, kam 1989 auf den Markt. Der Erfolg des Fahrzeugs blieb weit hinter den Erwartungen zurück, in zehn Jahren wurden nur rund 30 000 Stück abgesetzt.

207 oben Seit 1983 darf sich Alpina als Fahrzeughersteller bezeichnen. Das Buchloer Unternehmen hat sich mit seinen Automobilen einen ausgezeichneten Namen gemacht.

Auch wenn gerade BMW mit dem werksgetunten M3 ab 1986 den Veredlern das Geschäft schwer(er) machte, einige bekannte Namen konnten sich trotzdem halten. Das Paradebeispiel ist sicher Alpina aus Buchloe im Ostallgäu. In den siebziger Jahren waren Burkard Bovensiepen und seine Mannen mit von der Partie, als BMW mit dem 3.0 CSL in den Tourenwagen-Rennsport einstieg; Alpina hatte sich bereits ab 1963 einen Namen als fähiger, zuverlässiger Tuner gemacht. In jenen Jahren unterhielt Alpina auch einen Rennstall, für den unter anderem Niki Lauda und Derek Bell fuhren. 1978 wurde Alpina offizieller Hersteller von Fahrzeugen auf BMW-Basis; seit 1983 ist das Unternehmen als Automobilhersteller beim Kraftfahrzeug-Bundesamt in Flensburg eingetragen.Gern schmückt man sich in Buchloe mit dem Titel „kleinster Automobilhersteller der Welt".

Die ersten Fahrzeuge, die Alpina als Hersteller baute, waren der B6, der C1 und der B7 Turbo. Letzterer war mit seinen 300 PS eine gewisse Zeit lang die schnellste Serienlimousine der Welt, ein Titel, den auch der B10 Biturbo (360 PS, ab 1989) wieder für sich beanspruchte. Während Alpina in früheren Jahren gerne die entscheidenden PS zur Erstarkung der BMW-Modelle beisteuerte, beschränkt man sich heute auf die Perfektionierung: Der B3 Biturbo etwa ist mit seinen 360 PS deutlich weniger stark als der aktuelle M3 mit seinen 420 Pferdestärken, doch die Alpina-Version spurtet auch in nur 4,8 Sekunden von 0 auf 100 km/h und bietet viel angenehmere Fahreigenschaften als der überkandidelte Werks-Sportler M3.

Übrigens: Neben dem Geschäft als Automobilhersteller hat sich Alpina in den vergangenen Jahrzehnten auch als einer der besten Weinhändler Deutschlands etablieren können.

Einen komplett anderen Weg als Burkard Bovensiepen mit Alpina ging Erich Bitter. Bitter war ein mehr als passabler Rennfahrer gewesen und hatte ab 1964 Abarth-Fahrzeuge nach Deutschland importiert. 1971 gründete er die Bitter GmbH & Co. KG, bereits 1973 stellte er den Bitter CD vor. Dieses große Coupé basierte auf der Technik des damaligen Opel Diplomat, verfügte also über einen 5,4-Liter-V8 mit 230 PS. Das Design war genau das, was Opel damals nie schaffte: elegant. Insgesamt wurden bis 1979 von Hand 395 Exemplare des Bitter CD gebaut. Der Nachfolger hieß dann SC und basierte auf dem Opel Senator A; sein 3-Liter-Sechszylinder leistete 180 PS, in einer späteren Version 210 PS. Vom SC gab es auch ein Cabrio, insgesamt wurden bis 1989 immerhin 495 Stück hergestellt. Doch dann wurde es lange ruhig um Erich Bitter. Erst kürzlich meldete er sich wieder auf der großen Bühne des Automobiltheaters, diesmal mit dem Vero. Es handelt sich dabei um eine sanft umgestaltete Variante des Holden Statesman, der von einem 6-Liter-Chevrolet-V8 (378 PS) angetrieben wird. Den ganz großen Erfolg wird Bitter auch der Vero nicht bringen.

Eine interessante Karriere hat Eberhald Schulz hinter sich. Erstmals auf sich aufmerksam machte er Ende der sechziger Jahre mit dem Erator GT, der aussah wie ein Ford GT40. Mit einem 5-Liter-Mercedes-Motor war dieses nur 96 Zentimeter hohe Gefährt für die damalige Zeit fantastische 315 km/h schnell. Später schuf er den Mercedes CW311 – wohl das einzige Fahrzeug, das nicht bei Mercedes konstruiert wurde und trotzdem den berühmten Stern tragen durfte. 1981 machte sich Schulz selbstständig und gründete Isdera (Ingenieurbüro für Styling, Design und Racing). Nach und nach produzierte Isdera immer wieder Fahrzeuge, zuerst den kleinen Spyder, den es auch heute noch gibt, ab 1984 den Imperator, der dem CW311 sehr ähnlich sieht, ab 1993 den Commendatore, der auch in einer 620 PS starken Ausführung zu kaufen ist, und schließlich noch den „Autobahnkurier 116i", der mit seinen zwei aneinandergekoppelten Mercedes-Achtzylindermotoren und dem barocken Design (Vorbild war der Mercedes 540K „Autobahnkurier" aus den späten dreißiger Jahren) wohl für immer ein Einzelstück bleiben wird.

Doch weit mehr noch als die Alpina, Bitter und Isdera, die zwar alles handgefertigte, feine Automobile waren, stellte in den achtziger Jahren der Porsche 959 den „state of the art" dar. Hervorgegangen war dieses Überauto aus dem 959-Rallye-Projekt, mit dem Porsche bei den damals in Mode gekommenen Langstrecken-Rallyes zeigen wollte, was Sache ist. Tatsächlich gewann ein Porsche-Prodrive-Team 1984 die Rallye Paris–Dakar, doch das war eigentlich ungewollt und geschah mit dem falschen Fahrzeug, einem noch als 953 bezeichneten 911er mit Allradantrieb. Im Herbst 1983 hatte Porsche nämlich auf der IAA schon den 959 vorgestellt.

Es dauerte aber noch weitere vier Jahre, bis endlich die ersten Fahrzeuge auf die Straße kamen. Insgesamt wurden 292 Stück gebaut, 113 im Jahre 1987 und 179 im Jahre 1988. 1992 kamen dann noch acht Fahrzeuge einer Sonderserie dazu.

Was den 959 so ungewöhnlich machte: Porsche verwendete nur die teuersten, besten Teile für die Produktion. Dach, Kotflügel und Teile des Heckbereichs bestanden aus Kevlar, die Frontschürze aus Polyurethan und Fronthaube sowie Türen aus Aluminium. Zum ersten Mal wurde bei einem Serienmotor eine Registeraufladung mit zwei Turboladern und Ladeluftkühlung eingesetzt. Der luftgekühlte, aus einer Alulegierung hergestellte 2,85-Liter-Sechszylinder-Boxer kam so (und mit vier Ventilen pro Zylinder, zwei obenliegenden Nockenwellen pro Seite und digital gesteuerter Einspritzung) auf 450 PS; das maximale Drehmoment betrug 500 Nm. Geschaltet wurde über ein manuelles Sechsganggetriebe, selbstverständlich verfügte der 959 über Allradantrieb.

Offiziell war der 959 nur 1450 kg schwer. Messungen ergaben aber ein Leergewicht von satten 1566 kg, rund 300 kg mehr als sein zeitgenössischer Rivale Ferrari F40. Trotzdem beschleunigte der 959 in nur 3,7 Sekunden von 0 auf 100 km/h, die Höchstgeschwindigkeit lag bei 317 km/h. Doch im Handling galt der Porsche als erstaunlich schwerfällig – und nur wirklich ge-

208 oben Die Porsche 956/962 gehörten zu den erfolgreichsten Rennwagen aller Zeiten. In der IMSA-Meisterschaft von 1986 gewann Al Holbert sechs von achtzehn Rennen, auf den ersten zehn Plätzen waren acht Porsche 962 vertreten.

208–209 Bei der Produktion des 959 ließ Porsche Techniken aus der Luftfahrt einfließen, Kotflügel und Heckbereich bestanden aus Kevlar, die Fronthaube und die Türen wurden aus Aluminium hergestellt.

übte Fahrer konnten die für damalige Zeit unglaubliche Leistung auch auf die Straße bringen. Ob Herbert von Karajan, Komiker Jerry Seinfeld oder Martina Navratilova, alles prominente Besitzer eines 959, dies schafften, darf bezweifelt werden.

Es gab auch noch politische Aufregung um den Porsche 959: Die beiden Microsoft-Gründer Bill Gates und Paul Allen hatten sich 1998 je einen 959 gekauft, gebraucht, in der US-Version. Doch sie durften die Fahrzeuge wegen zu schlechter Emissionswerte nicht fahren – bis der damalige US-Präsident Bill Clinton persönlich und extra ein Bundesgesetz unterzeichnete, das den beiden Milliardären die Zulassung ihrer Spielzeuge erlaubte.

1982 wurden einmal mehr die Reglements für den Touren- und Sportwagen-Rennsport geändert, neu gab es die Gruppen A, B und C. Die Gruppe C war die Kategorie für die Sport-Prototypen, bei denen es auf Motorenseite fast keine Einschränkungen gab. Das war für Porsche interessant, denn man hatte einen starken, standfesten 2,65-Liter-Boxer mit doppelter Turboaufladung zur Verfügung, der nicht nur stark (620 PS), sondern auch sehr zuverlässig war. Um diesen Antrieb, der 1981 bereits im 24-Stunden-Rennen von Le Mans erfolgreich gewesen war (Sieg für Ickx/Bell in einem Porsche 936), wurde der Porsche 956 konstruiert.

Der Rennwagen übertraf alle Erwartungen: 1982 konnte Porsche mit dem 956 in Le Mans einen Dreifachsieg erringen (es gewannen wieder Ickx/Bell), 1983 standen Schuppan/Holbert/Haywood zuoberst auf dem Treppchen, 1984 und 1985 gewann das private Joest-Team das legendärste Langstreckenrennen mit einem Porsche 956; in den folgenden zwei Jahren war der direkte Nachfolger des 956, der 962 (2,9-Liter-Biturbo, circa 680 PS) der souveräne Sieger.

Der Motor des 956 wurde 1983 von einer mechanischen auf eine elektronische Einspritzanlage umgerüstet. Damit konnte nicht nur der Verbrauch gesenkt, sondern auch die Motorleistung gesteigert werden (640 PS). Es gab zwei Varianten des Rennwagens, den Kurz- und den Langheck; der kürzere Wagen wurde auf engeren Rundkursen eingesetzt, der Langheck wegen seiner speziellen Aerodynamik auf Strecken wie Le Mans, auf denen oft Höchstgeschwindigkeit gefahren wurde. In Le Mans betrug die Höchstgeschwindigkeit etwa 350 km/h, weniger als beim legendären Porsche 917, einem der erfolgreichsten Rennwagen der siebziger Jahre.

1982 und 1983 gewann Jacky Ickx den Sportwagen-Fahrerweltmeistertitel auf einem Porsche 956, nach der Saison 1984 durfte sich Stefan Bellof Langstreckenweltmeister nennen. Bellof, der die berüchtigte Nordschleife des Nürburgrings mit einem 956 als erster Mensch mit einer Durchschnittsgeschwindigkeit von mehr als 200 km/h umrundet hatte, starb 1985 in einem 956 nach einem missglückten Überholmanöver in Spa-Francorchamps. Die Porsche 956/962 gehören zu den erfolgreichsten Rennwagen aller Zeiten.

Neue Horizonte

210–211 Die charakteristische Frontpartie eines BMW Z3 M Roadster aus dem Jahre 1999. Der 3,2-Liter-Sechszylinder leistete damals 321 PS und bescherte ein atemberaubendes Sportwagenfeeling.

KAPITEL 8

Es ist das Jahrzehnt des Wahnsinns. Alles scheint möglich, die Konjunktur brummt, alle Indices zeigen nach oben und gerade die deutschen Autohersteller haben das Gefühl, ihnen gehört die Welt. 1994 kauft BMW die englische Marke Rover, 1998 geht Daimler-Benz eine Fusion mit Chrysler ein, im gleichen Jahr vergrößert die Volkswagen Group ihr Imperium um Bentley, Bugatti und Lamborghini.

Doch dieser Größenwahn kostet die deutsche Autoindustrie viel Geld und Energie. Die Volkswagen Group zermürbt sich in einem Streit mit BMW um die E Namensrechte von Rolls-Royce, der damit endet, dass die Marke mit der geflügelten Kühlerfigur („Spirit of Ecstasy") bei BMW verbleibt und für Bentley ein horrender Preis bezahlt werden muss; weitere Ressourcen verschwendet der VW-Boss Ferdinand Piëch mit Bugatti: Er will den ultimativen Supersportwagen auf die Räder stellen, doch das Projekt des 1001 PS starken, über 400 km/h schnellen Wagen verzögert sich um Jahre.

Auch BMW hat mit Rover nur Ärger. Synergien finden sich fast keine, die Engländer sind alles andere als kooperativ, ihre Fabriken und Autos sind völlig veraltet, und als die Münchner am 16. März 2000 die Notleine ziehen und das Handtuch werfen, hat sie das englische Abenteuer unter dem Strich rund neun Milliarden DM gekostet. Der Vorstandsvorsitzende Bernd Pischetsrieder muss gehen, auch Technikvorstand Wolfgang Reitzle nimmt den Hut. Geblieben ist BMW vom Ausflug in die englische Autoindustrie einzig ein fahler Nachgeschmack sowie die Marke Mini, die immerhin sehr erfolgreich wiederbelebt werden konnte.

Ein absolutes Desaster ist auch die sogenannte Fusion zwischen Daimler-Benz und dem amerikanischen Hersteller Chrysler. Obwohl es ein

„Merger of Equals" sein sollte, übernahmen die Deutschen doch von Anfang an die Führung: Eine „Welt AG" (zu der auch noch der japanische Hersteller Mitsubishi gehörte) sollte nach den Visionen des damaligen Vorstandsvorsitzenden Jürgen Schrempp entstehen. Es entstand aber nur ein Chaos, Schrempp musste gehen, die Beteiligung an Mitsubishi wurde mit großem Verlust wieder abgestoßen, im Mai 2007 kam es zur Trennung von Chrysler. Wie viele Milliarden Euro in der hirnrissigen „Welt AG" vernichtet wurden, das wird die Öffentlichkeit wohl nie erfahren, doch der Neun-Milliarden-Verlust von BMW mit Rover wird dagegen nur als ein Trinkgeld erscheinen. Mercedes hatte in dieser Dekade noch zusätzlichen Ärger mit dem nicht bestandenen „Elchtest" der A-Klasse, außerdem zogen Qualitätsprobleme den vorher so strahlenden Stern arg in Mitleidenschaft.

Ab 1993 waren in Deutschland nur noch Automobile mit Dreiwegekatalysator zugelassen. Es war dies ein deutliches Zeichen dafür, dass die Zeit des ungebremsten und vor allem unreflektierten Konsums vorbei war – das Thema Umweltschutz hatte endgültig auch die Automobilindustrie erreicht. Noch war die uneingeschränkte individuelle Mobilität das Maß aller Dinge, noch konnte und wollte die „Generation Golf" den Wohlstand, der sich immer gern in der Wahl des Automobils ausdrückt, genießen, doch zu den Sicherheitsbedenken rund um das Automobil, die schon seit den siebziger Jahren Thema waren, kam nun auch noch der Umweltschutz dazu.

Noch ging es der Autoindustrie in Deutschland eigentlich bestens. 1990 wurden in Deutschland 4,66 Millionen Autos gebaut. Nach einem Einbruch im Jahr 1993 (3,794 Millionen Autos, 22 Prozent weniger als im Vorjahr) stiegen die Produktionszahlen beständig an, 1998 war man bei 5,348 Millionen Exemplaren angelangt.

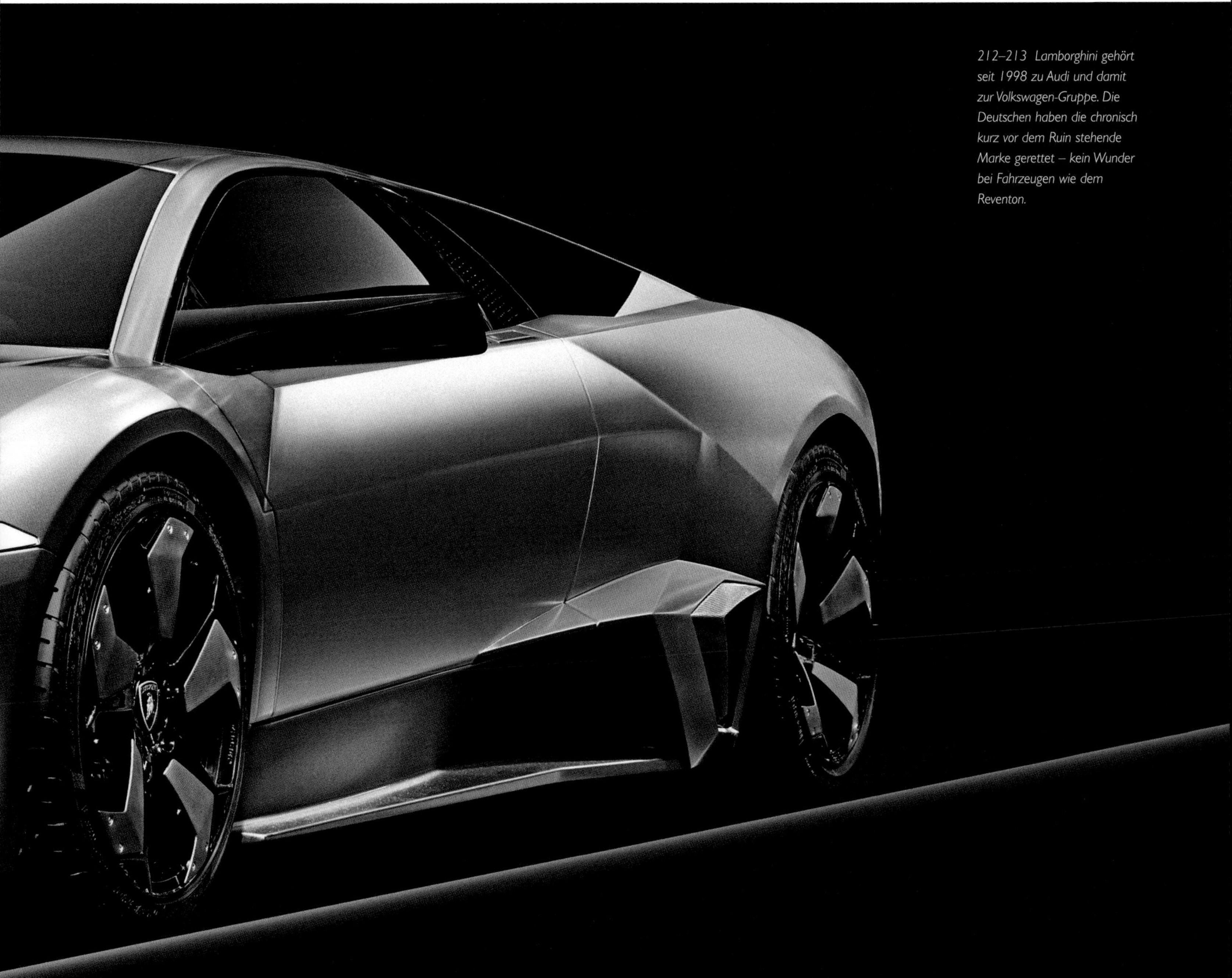

212–213 Lamborghini gehört seit 1998 zu Audi und damit zur Volkswagen-Gruppe. Die Deutschen haben die chronisch kurz vor dem Ruin stehende Marke gerettet – kein Wunder bei Fahrzeugen wie dem Reventon.

214 Eine kleine Typengeschichte der berühmtesten BMW-Roadster – auf holländisch. Und es ist tatsächlich so, auch wenn BMW nicht über die Tradition von Mercedes verfügt: Feine Fahrzeuge kamen da aus München.

214–215 Der von 1989 bis 1991 gebaute BMW Z1 war das erste Werk der 1985 gegründeten BMW Technik GmbH. Federführend bei diesem Projekt waren Ulrich Bez (heute Aston Martin) und Harm Lagaay (später Porsche).

BMW hatte seinen Roadster Z1 als Image- und Technologieträger schon 1987 auf der IAA vorgestellt. Offiziell hieß es, man wolle die Publikumreaktionen testen, doch der Bau einer limitierten Serie war eigentlich schon beschlossene Sache; die 1985 gegründete BMW Technik GmbH, eine BMW-Tochter genau wie die so erfolgreiche M GmbH, sollte Planung und Ausführung übernehmen. Das Design stammte vom späteren Porsche-Chefdesigner Harm Lagaay, für die Konstruktion war Ulrich Bez zuständig, der heute Chef von Aston Martin ist.

Der Z1 war wirklich ein außergewöhnliches Fahrzeug. Von außen gut zu erkennen waren die in den Seitenschwellern versenkbaren Türen; man konnte den Z1 auch mit offenen Türen fahren. Von außen nicht ersichtlich war, dass der Motor weit nach hinten verlagert wurde, man konnte fast von einem Frontmittelmotor sprechen, der für eine ausgewogene Gewichtsverteilung sorgte. Dieser Motor stammte als einziges Teil aus der Großserie, der 2,5-Liter-Sechszylinder leistete 170 PS, was dem Z1 ganz akzeptable Fahrleistungen einbrachte.

Es gab beim Z1 keine Ausstattungsvarianten, die Kunden konnten nur die Farbe der Lackierung und der Innenausstattung wählen. Genau 8000 Exemplare des Z1 wurden zwischen 1989 und 1991 gebaut.

218 und 218–219 Seinen ersten großen Auftritt hatte der Z3 im Bond-Film „Golden Eye" (1995). In gut sechs Jahren wurden 279 273 Exemplare dieses Roadsters gebaut, dazu kamen noch 17 815 Stück des außergewöhnlichen Coupés.

220 oben links und 221 oben Der Amerikaner Chris Bangle (geboren 1956) ist seit 1992 Chefdesigner von BMW. Seine Arbeiten werden äußerst kontrovers diskutiert, manche Entwürfe stießen auf breite Ablehnung (etwa die 7er-Reihe, E65/66, von 2001).

220 oben rechts Chris Bangle im Kreis seines Designteams. Bei aller Kritik an Bangle sollte nicht vergessen werden, dass am Schluss der Vorstand von BMW über das Design der neuen Produkte entscheidet.

220–221 Die Geschichte wird weisen, ob dem BMW-Chefdesigner Chris Bangle mit dem im Jahr 2002 vorgestellten Z4 ein Wurf gelungen ist – oder eben nicht. Dass 2004 schon ein Facelift angeordnet wurde, zeigt aber wohl die Richtung …

222 oben und 222–223 Vom BMW Z8 wurden zwischen März 2000 und Juli 2003 genau 5703 Exemplare gebaut, davon 555 Alpina (mit Automatikgetriebe). Als Antrieb diente ein 5-Liter-V8 mit 400 PS (aus dem M5). Eigentlich wird das Design des Z8 Henrik Fisker zugeschrieben, doch es soll der Grieche Andreas Zapatinas (später Alfa und Subaru) gewesen sein, der die an den 507 angelehnte Form des Roadsters entworfen hat. Design ist zeitlos schön. Auch bei der Gestaltung des Innenraums des Z8 orientierten sich die Designer stark am Interieur des legendären BMW 507. Entstanden ist dabei eine saubere Interpretation, die das Auge erfreut.

224 Der Scirocco wurde der Öffentlichkeit drei Monate vor dem Golf präsentiert, wohl deshalb, weil Produzent Karmann flexibler war als das Werk in Wolfsburg. Der GLI besaß den 110-PS-Motor aus dem GTI.

224–225 Der VW Scirocco entstand auf Anregung des Golf-Designers Giorgetto Giugiaro, der während seiner Arbeit am Golf die Idee für ein zweitüriges Sportcoupé hatte. Karmann „sponserte" das Projekt, weil VW anfangs kein Interesse hatte.

225 unten Man darf den frontgetriebenen Opel Calibra, der im Juni 1990 erstmals bei den Händlern stand, nicht als direkten Nachfolger des Manta sehen. Dafür war er zu teuer – und auch zu wenig erfolgreich.

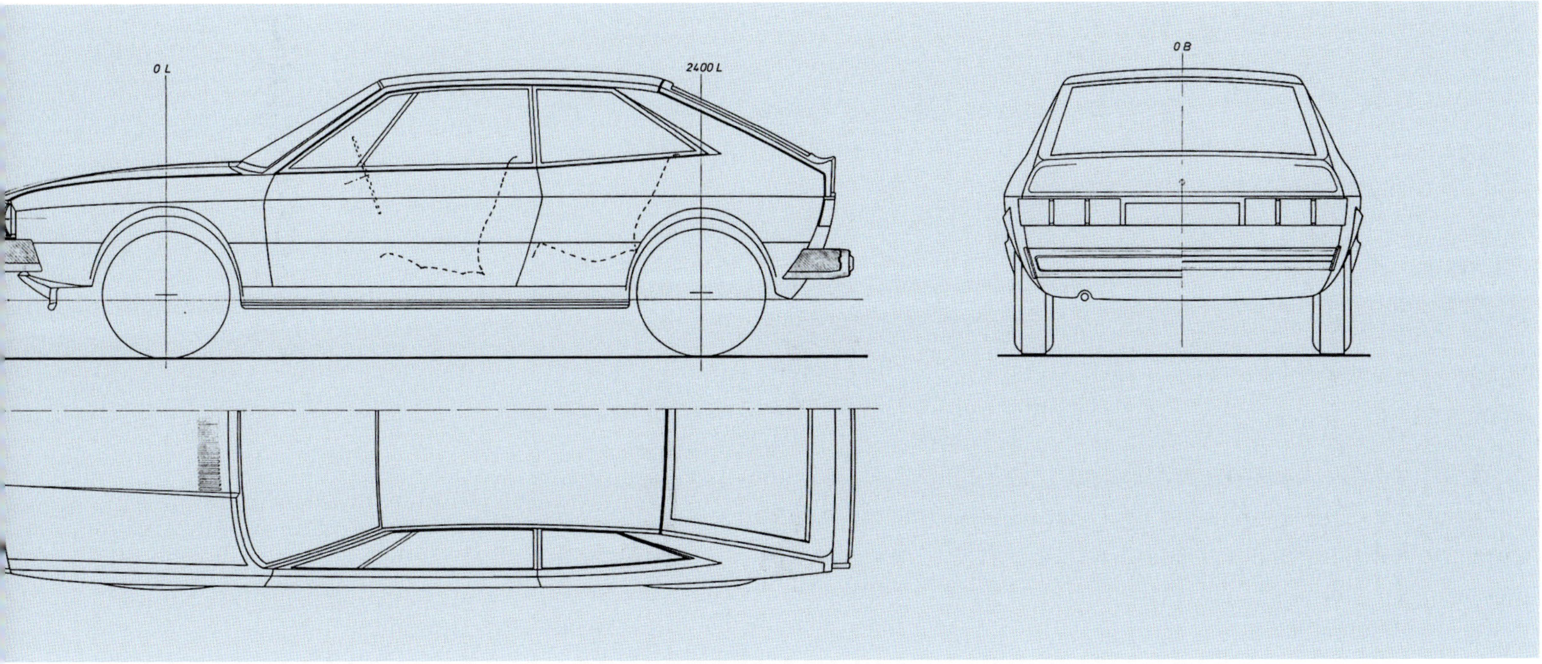

Mit dem Scirocco hatte Volkswagen 1974 gleichzeitig mit dem Golf ein Coupé auf den Markt gebracht, das frischen Wind ins Segment der sportlichen Coupés brachte. Giugiaro hatte auch den Scirocco gezeichnet und es war ihm ein großer Wurf gelungen; bis 1981 wurden mehr als eine halbe Million Exemplare verkauft.

Die zweite Generation des Scirocco war dann bei weitem nicht mehr so hübsch und folglich auch nicht mehr so erfolgreich; in elf Jahren Produktionszeit wurden rund 291 000 Stück verkauft. Das war auch der Grund, weshalb Volkswagen ab 1988 den Corrado auflegte. Eigentlich sollte dieses Fahrzeug den Namen „Taifun" erhalten, weil alle VW nach Winden benannt sind, doch ein Taifun hatte eine zu negative Bedeutung, weshalb man auf die spanisch inspirierte Bezeichnung Corrado kam (von correr, rennen). Aber das sportliche Coupé war ein noch größerer Flop als die zweite Generation des Scirocco, nach sieben Jahren und nur 97 521 Exemplaren wurde die Produktion wieder eingestellt. Einen direkten Nachfolger gab es nicht, VW hatte vorerst genug von sportlichen Coupés; erst 2008 wurde ein neuer Scirocco aufgelegt.

Dabei war der Corrado ein ganz interessantes Fahrzeug. Die anfangs einzige lieferbare Version trug die Bezeichnung G60, was auf einen sogenannten Scroll-Verdichter verwies, eine Art von Kompressor (die Erfindung des Luftverdichters ging auf das Jahr 1905 und den Franzosen Léon Creux zurück). Auch besaß der Corrado einen Heckspoiler, der bei 120 km/h automatisch ausfuhr und laut Messungen den Auftrieb an der Hinterachse um 64 Prozent reduzierte. Ab 1991 war der Corrado auch mit einem Sechszylindermotor erhältlich.

Bei Opel war 1988 der legendäre Manta ausgelaufen. Offiziell gab es keinen direkten Nachfolger, doch das 1989 auf der IAA als Studie vorgestellte Sportcoupé Calibra wurde nicht nur von den Opelfans als Hoffnungsträger angesehen. Schon am 9. Juni 1990 stand der Calibra, der auf dem Vectra basierte, als 2+2-Sitzer (zwei Notsitze hinten) bei den Händlern. Im Gegensatz zum Manta verfügte der Calibra allerdings über einen Frontantrieb.

Unter der Haube war jedoch vorerst nicht viel los, es gab zwei verschiedene Zweiliter-Vierzylinder, der eine mit 115, der andere mit 150 PS. Die stärkere Version war vom Motorenpapst Fritz Indra entwickelt worden und war der erste Opel mit Vierventiltechnik und zwei obenliegenden Nockenwellen. Noch 1990 kam auch der Calibra 4 x 4 auf den Markt und als Spitzenmodell trat ab 1992 der Calibra Turbo 4 x 4 mit 204 PS an. Dieser Calibra war stolze 245 km/h schnell und beschleunigte – zumindest auf dem Papier – in nur 6,8 Sekunden von 0 auf 100 km/h.

Die Produktion des Calibra lief 1997 nach immerhin 239 639 Exemplaren aus. Damit war er zwar deutlich erfolgreicher als der Corrado von VW, doch an die Verkaufszahlen des Manta kam er nie heran. Wohl auch aus diesem Grund gab es bei Opel nie einen Nachfolger des Calibra.

Während die Coupés ihren Höhepunkt schon in den achtziger Jahren überschritten hatten und in den neunziger Jahren endgültig zu Auslaufmodellen degradiert wurden, konnte sich in diesem Zeitraum eine andere Fahrzeuggattung in den Vordergrund spielen: die Kombis. Die Ehre, diese praktischen Fahrzeuge für die Käufergunst wieder attraktiv gemacht zu haben, darf wohl Audi und seinen Avant-Modellen zugeschrieben werden.

Als erster Avant kam 1977 der Audi 100 C2 auf den Markt. Dies war allerdings noch kein echter Kombi, sondern besaß ein Fließheck und eine Heckklappe. Die Bezeichnung Avant wurde erst 1991 für den Audi 100 wieder aufgenommen, ab 1992 gab es auch den Audi 80 als Avant. So richtig in Fahrt kamen die Avant-Kombis aber erst mit den Modellreihen A4 und A6 (präsentiert Ende 1994): Nun waren sie endgültig zu Lifestyle-Autos geworden. Das Kofferraumvolumen war zwar nicht herausragend, dafür konnten die Audis optisch gefallen. Es dauerte ein paar Jahre, bis es BMW und Mercedes gelang, auf diesem Gebiet zu Audi aufzuschließen.

Ein Grund für das gute Image waren sicher auch die sehr sportlichen Modelle RS2, RS4 und RS6. Der RS2, das erste dieser Modelle, wurde zwischen 1994 und 1996 in 2891 Exemplaren gebaut und war in Kooperation mit Porsche entstanden. Den RS2 gab es offiziell nur als Avant; es soll aber mindestens drei RS2-Limousinen geben, die jedoch nie in den Verkaufsprospekten aufgetaucht sind. Der RS2 besaß einen Fünfzylinder-Turbo, der stolze 315 PS lieferte und den Audi mit seinen Fahrleistungen in die oberste Liga der Sportwagen brachte. Nicht ganz auf der Höhe seiner urigen Kraft waren allerdings die Bremsen.

Erst im Jahr 2000 legte Audi für seine A4-Baureihe wieder ein RS-Modell auf, das jetzt als RS4 bezeichnet wurde. Er entstand nicht mehr in Zusammenarbeit mit Porsche, sondern war ein Produkt der Audi-Tochter quattro GmbH, die seit Ende der neunziger Jahre für die sportlichen Audi-Modelle verantwortlich zeichnete (analog zur M GmbH bei BMW). Der RS4 lief mit einem 2,7-Liter-V6, der von Cosworth überarbeitet wurde und so auf 381 PS kam. Innerhalb von zwei Jahren wurden 6030 Exemplare gebaut.

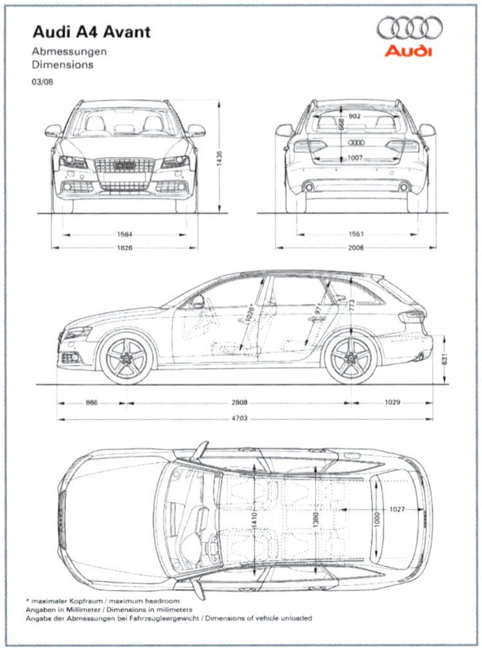

226 oben Der Radstand von 2,81 Metern, über den der neue Audi A4 verfügt, ist außergewöhnlich großzügig für die Mittelklasse. Und trotzdem ist das Raumangebot auch im Kombi nicht gerade überbordend.

226 unten Der jüngste A4 (hier als Avant) ist im Vergleich zum Vorgänger entscheidend gewachsen und übertrifft auch seine traditionellen Konkurrenten (3er-BMW, Mercedes C-Klasse) in der Länge deutlich.

227 Ende 2007 kam die jüngste Version des Audi A4 auf den Markt, mittlerweile die vierte seit 1994. Diese Zeichnungen waren noch etwas optimistisch, in der Realität ist der A4 B8 weniger elegant.

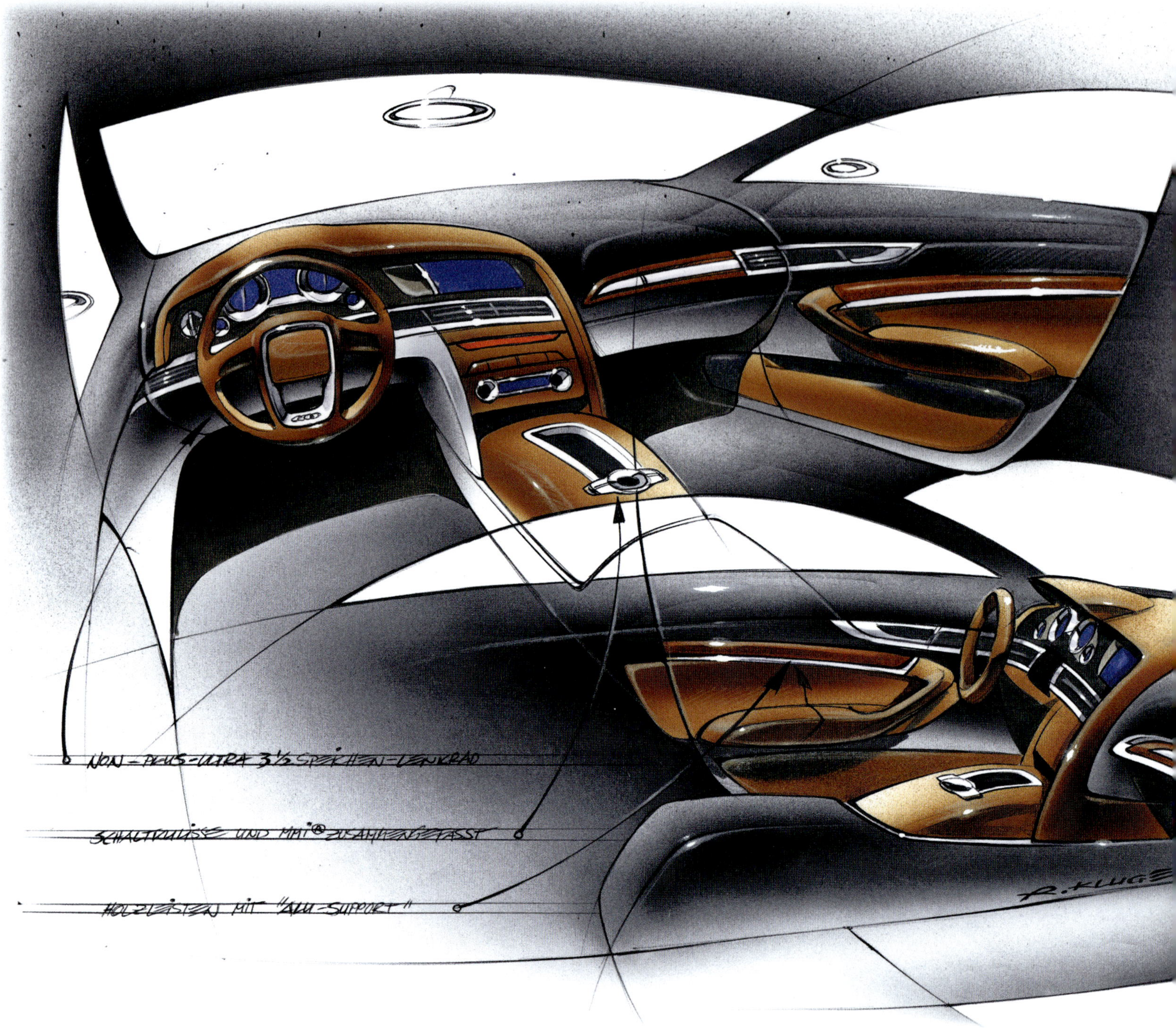

228 Man darf freilich nicht vergessen: Audi gehört zur Volkswagen-Gruppe und es wird großen Wert auf Synergien gelegt. Auch wenn diese Skizze eines A6-Interieurs gar nicht diesen Eindruck erweckt.

229 Die jüngste Variante des Audi A6 (mit dem internen Kürzel C6) ist seit 2004 auf dem Markt. Diese Zeichnungen zeigen schon sehr deutlich, in welche Richtung Audi mit dem Design gehen wollte.

S.WADA o3

Audi MODERN X Sporty
LOW X WIDE
Dynamic
MOVEMENT
S.Wada o3

STRONG FACE
ONE FRAME
GRILLE DIRECTION
DYNAMIC MOVEMENT
EMOTIONAL DIRECTION
S.WADA o3

230 oben und 231 oben Die konvex-konkaven Seitenlinien, die bei diesen Zeichnungen gut erkennbar sind, wurden erst durch die modernen Produktionsmethoden möglich. Früher ließ sich Stahl nicht in solchen Formen verarbeiten.

230–231 Der A6 erhielt als erster Audi den markanten „Single Frame-Grill" – und setzte damit einen Trend, der offenbar nicht mehr aufzuhalten ist: Fast alle Hersteller ziehen unterdessen solche martialischen Kühler vor. Die neueste Variante des Audi RS6 ist ein absoluter Überflieger, sein 5,2-Liter-V10-Motor leistet sagenhafte 580 PS.

LÖFFLER

234 oben 1997 präsentierte Audi auf der IAA gleich zwei Studien namens Al2. Sie nahmen den A2, wie er ab 1999 gebaut wurde, bereits vorweg, es wurden nur noch Details, wie etwa die markentypischere Front, verändert.

Erstaunlicherweise bei weitem nicht so erfolgreich wie mit dem TT war Audi mit dem Modell A2, einem ab 1999 hergestellten Minivan. Designer des kleinen Audi war wieder Peter Schreyer (der heute für den südkoreanischen Hersteller Kia arbeitet), diesmal in Zusammenarbeit mit Stefan Sielaff und Luc Donckerwolke (später Lamborghini und Seat). Der A2 war nach dem A8 der zweite Audi, dessen Karosserie komplett aus Aluminium hergestellt wurde. Doch wahrscheinlich war genau dieser „Space Frame" das Problem: Der A2 war sehr teuer in der Herstellung und der hohe Verkaufspreis schreckte die Kunden ab. Auch war eine genaue Klassifizierung des Wagens schwierig: Eigentlich war der A2 mit seinen sehr ähnlichen Außenabmessungen als Konkurrent zur A-Klasse von Mercedes gedacht, doch Audi trat damit auch in der Golf-Klasse an, wo man aber mit dem A3 (der auf dem Golf basiert) schon bestens positioniert war. Die interessanteste Variante des A2 war sicher die Version 1,2 TDI. Angetrieben von einem 61 PS starken Turbodiesel schaffte dieses Fahrzeug einen Durchschnittsverbrauch von 2,99 l/100 km. Doch der Aufwand für dieses bis heute einzige in Großserie gebaute fünftürige Dreiliterauto war beträchtlich. Nicht nur die Karosserie war aus Aluminium gefertigt, sondern auch Teile des Fahrwerks sowie der Motorblock. Dazu gab es ein automatisiertes Getriebe und verschiedene Aerodynamik- und Gewichtsoptimierungen. Der Luftwiderstandsbeiwert betrug nur 0,25 – zusammen mit dem des Honda Insight weiterhin der Spitzenwert aller bis heute gebauten Serienfahrzeuge. Trotzdem: Gerade der Dreiliter-A2 stand wie Beton bei den Händlern, in fünf Jahren wurden nur 6555 Stück verkauft (insgesamt 175 000 Exemplare). Das spritsparende Modell entpuppte sich als teurer Flop für Audi. Es war eine heftige Lektion, die der Hersteller mit diesem Auto lernen musste: Der A2 kam einfach zu früh, der Markt war noch nicht bereit für ein solches Fahrzeug.

234–235 Der Audi A3 teilt sich seine technische Basis mit den Konzernbrüdern VW Golf, Seat Leon und Skoda Octavia. Unter diesen Modellen ist er mit Abstand das teuerste – und bringt so die besten Margen.

235 oben Stefan Sielaff, heute Chefdesigner bei Audi, war der federführende Mann hinter dem A2 und den Vorprojekten. Die Designpreise heimsten allerdings Peter Schreyer (heute Kia) und Gerd Pfefferle ein.

236–237 Die Sandwichbauweise und der große Innenraum der Mercedes A-Klasse erforderten viel Feingefühl beim Design. Und doch fiel das Fahrzeug etwas plump aus, vor allem im Vergleich zu den Zeichnungen hinten.

236 unten Die erste Mercedes A-Klasse (W168) kam 1997 auf den Markt – und wurde gleich mit dem nicht bestandenen „Elchtest" weltberühmt. Deshalb waren zu Beginn die Erfolge am Markt auch eher gering.

237 Im Windkanal von Mercedes werden mithilfe von Rauchsonden die Strömungen rund um die A-Klasse analysiert. Mercedes investierte beträchtliche Mittel in die Crashsicherheit des Fahrzeugs.

Erfolgreicher als Audi betätigte sich Mercedes bei den „Kleinen". Nachdem sich Mercedes mit dem „Baby-Benz" (W201, ab 1982) erstmals in die Niederungen der Mittelklasse herabgelassen hatte, war 1997 die nächste Stufe nach unten an der Reihe: Mit der A-Klasse versuchte sich Mercedes sogar bei den Kompakten. Markenvorstand Jürgen Hubbert sah Mercedes „auf dem besten Weg, in eine Positionierungsfalle zu tappen". Hätte man sich allein auf die S-Klasse verlassen, „wären wir in die Rolls-Royce-Ecke geraten". Die A-Klasse (W168) war (und ist) ein technisch sehr interessantes Fahrzeug. Insbesondere die sogenannte Sandwichbauweise, bei der ein Teil der Aggregate im Fahrzeugboden untergebracht werden kann, sorgte für Furore. Diese Bauweise brachte dem kleinen Mercedes (3,57 Meter lang) einen erstaunlich großen Innenraum und eine noch bessere Variabilität. Zwar bemühten sich die Stuttgarter, ihrem damals kleinsten Modell ein jugendliches Image zu verpassen, doch wegen der hohen Sitzposition und der guten Rundumsicht war die A-Klasse vor allem bei Senioren sehr beliebt.

Die Markteinführung im Oktober 1997 verlief allerdings nicht ganz ohne Nebengeräusche. Bei einem sogenannten Elchtest, einem nicht genormten Spurwechselmanöver mit etwa 65 km/h, das nur in Schweden zur Anwendung kam, kippte ein Fahrzeug der A-Klasse um, und dies nur drei Tage nach der offiziellen Präsentation. Mercedes nahm dieses Problem anfangs auf die leichte Schulter, kommunizierte miserabel, doch binnen kürzester Zeit mussten die Stuttgarter einen Verkaufsstopp verfügen und die Fahrzeuge nachbessern, unter anderem mit einem serienmäßigen elektronischen Stabilitätsprogramm. Das kostete Mercedes einige 100 Millionen Euro. Dass das Zwischenlager für die A-Klasse in Kippenheim eingerichtet wurde, war dann nur noch das Tüpfelchen auf dem i.

Nichtsdestotrotz war (und ist) die A-Klasse ausgesprochen erfolgreich. Von der ersten Baureihe (bis September 2004) wurden 1,1 Millionen Exemplare verkauft. Auch der Nachfolger, W169, ist weiterhin beliebt, muss allerdings intern mit der sehr ähnlichen B-Klasse (W245) konkurrieren. In Zukunft will Mercedes weitere Modelle in diesem Segment anbieten.

Ach, der Smart (offiziell smart, also mit Kleinbuchstaben, geschrieben; es soll eine Zusammensetzung aus Swatch, Mercedes und „art" sein ...). Es war ein genialer Ansatz – und doch muss er als gescheitert betrachtet werden. Man war angetreten mit dem hehren Ziel, die Automobilindustrie zu revolutionieren, doch heute ist der Smart einfach „nur" ein Auto, ein kleines zwar, ein eigentlich cleveres, doch mehr nicht.

Einen Kleinstwagen zu bauen, diese Idee hat die Automobilindustrie immer wieder beschäftigt. Spätestens seit der Ölkrise Anfang der siebziger Jahre wurden die Anstrengungen verstärkt und in den Achtzigern entstanden erste Projekte, etwa der BCC (unter Leitung von Professor Tomforde, der später für das Design des Smart zuständig wurde) oder der Mocar (an der Hochschule der Bildenden Künste Kassel).

Doch so richtig in Schwung kam die Idee erst, als sich der Schweizer Uhrenpionier Nicolas G. Hayek (Swatch) intensiv mit dem Projekt eines neuartigen Automobilkonzepts auseinanderzusetzen begann. Er wollte nicht einfach ein kleines Auto bauen, sondern auch gleich ein Verkehrskonzept mitliefern. Anfangs konnte der erfolgreiche Unternehmer VW für seine Ideen begeistern, doch die Wolfsburger sprangen bald wieder ab; Mercedes nahm die Stelle als Partner ein. 1994 wurde die Micro Compact Car AG als gemeinsame Tochtergesellschaft gegründet. Doch das Verhältnis zwischen Stuttgart und Biel lag bald im Argen, weil Mercedes darauf drängte, mit dem Smart ein konventionelles Auto zu machen, während Hayek an innovativen Konzepten und Techniken (etwa Elektroradnabenmotoren) festhielt. Schließlich zog sich Hayek noch vor der Einführung des Smart zurück; einzig sein Produktionskonzept mit starker Einbindung der Zulieferindustrie blieb bestehen.

Der erste Smart war ein 2,5 Meter langes, 1,51 Meter breites und 1,52 Meter hohes Fahrzeug, der von einem Dreizylinderturbo mit 45, 54 oder 61 PS angetrieben wurde. Selbstverständlich hatten nur zwei Personen Platz. Geschaltet wurde über ein automatisiertes Sechsganggetriebe – das zusammen mit dem zu hohen Verbrauch einer der größten Kritikpunkte an der ersten Generation des Smart war. Nichts zu kritteln gab es aber an der Sicherheitsausstattung: ESP (in abgemagerter Version), ABS, Airbags. Ab 2000 wurde auch eine Diesel- und eine Cabrio-Variante (mit elektrisch zu öffnendem Verdeck) angeboten.

Im März 2007 kam die zweite Smart-Generation auf den Markt, die 19,5 Zentimeter länger ausfiel. Damit war ein weiterer Vorteil des Smart – die Möglichkeit zum Querparken – obsolet. Auch dem erneuerten Smart gelang es nicht, sich als Lifestyleprodukt oder gar Verkaufsrenner zu etablieren. Das Ende des Smart wure eingeläutet.

Große Fehler machte Smart übrigens auch, indem man das Modellprogramm ausdehnte. Es gab einen absolut grauenhaften Roadster, eines der hässlichsten Autos seit vielen Jahrzehnten, sowie einen Viertürer, mit dem die Grundidee des Smart endgültig torpediert wurde. Diese Modelle fuhren Smart noch weiter in die roten Zahlen und wurden richtigerweise eingestellt.

238 Der Smart wird im französischen Hambach hergestellt. Die Zulieferer werden dort bedeutend mehr eingebunden als an anderen Produktionsstätten; dieses Konzept hätte zukunftsweisend sein können.

238–239 Teilansicht eines Smart, der von Brabus Tuning präpariert wurde. Doch auch die zusätzlichen Pferdestärken konnten dem eigentlich genialen Kleinstwagen nicht aus der Verkaufsmisere helfen.

Neuland hatte Opel schon 1953 betreten und mit dem amerikanisch inspirierten „Car A Van" einen für die europäische Automobilindustrie wichtigen Schritt gemacht. Diese Kombis gehörten zu den ersten auf dem deutschen Markt. Es sollte einige Jahrzehnte dauern, bis Kombis vom Markt wirklich akzeptiert wurden und sich von ihrem Image als Handwerkertransporter lösen konnten.

Anfang der achtziger Jahre setzte eine weitere Entwicklung ein. Die in den USA sehr beliebten Vans wurden kleiner und mehr hin zu Personenwagen entwickelt, nachdem sie zuvor umgebaute Lieferwagen gewesen waren. 1984 kamen quasi gleichzeitig der Chrysler Voyager und der Renault Espace auf den Markt, die beiden ersten echten Großraumlimousinen. Wobei der Espace, entwickelt ab 1978 von Matra, die deutlich innovativere Lösung war. Es folgte ein fantastischer Boom dieser Fahrzeuge und nur wenige Hersteller wollten es sich leisten, daran nicht zu partizipieren.

Doch diese Großraumlimousinen waren, wie ihr Name sagt, groß, boten bis zu neun Passagieren ausreichend Platz. Es war nur eine Frage der Zeit, bis auch kompaktere Fahrzeuge in diesem Segment Fuß fassen würden, und wieder war es Renault, das mit dem 1996 präsentierten Scénic den Trend setzen konnte. Der Scénic war auf Anhieb ein Bestseller und der Markt verlangte nach weiteren Modellen.

Opel, damals nicht gerade vom Erfolg verwöhnt, wandte sich in der Not an die Entwicklungsabteilung von Porsche in Weissach, wo man auch Fremdaufträge (Harley!) bearbeitete. In relativ kurzer Zeit entstand in enger Zusammenarbeit mit den GM-Ingenieuren der Zafira, der 1999 auf den Markt kam. Außergewöhnlich an diesem Fahrzeug war das sogenannte Flex7-System, das es ermöglichte, die zweite und dritte Sitzreihe unter einen vollkommen ebenen Boden zu versenken.

Bei anderen Fahrzeugen in diesem Segment musste vor allem die dritte Sitzreihe ausgebaut werden, was sehr mühsam sein konnte, denn die Sitze waren teilweise über 20 kg schwer. Der Zafira entwickelte sich dank seiner großen Variabilität zu einem Verkaufsschlager – und rettete damit das Opel-Werk Bochum, das kurz vor dem Aus gestanden hatte.

Die erste Generation des Zafira wurde bis 2005 gebaut, es folgte ein größerer Nachfolger. Weil aber die Konkurrenz auch nicht geschlafen hatte, insbesondere VW, das seit 2003 mit dem Touran antrat, hat der Zafira seine besten Zeiten schon hinter sich.

Zwar kam der Ford Mondeo erst am 4. März 1993 offiziell auf den Markt, doch sein Design soll schon 1986 endgültig festgestanden haben. Die lange Vorlaufzeit – und die deshalb bei seiner Präsentation auch schon etwas altbackene Optik – ist darauf zurückzuführen, dass Ford den Mondeo als „Weltauto" plante: Ganz nach dem Vorbild der erfolgreichen Japaner sollte nur ein Auto die Ford-Bedürfnisse für die Mittelklasse auf der ganzen Welt abdecken. Bis ins letzte Detail wurde diese Philosophie aber dann doch nicht verfolgt, in den USA kam der Mondeo mit geringfügigen optischen Änderungen als Ford Contour sowie Mercury Mystique zu den Händlern.

Der Mondeo bedeutete bei Ford nach 22 Jahren wieder die Abkehr vom Hinterradantrieb; für kurze Zeit

war der Wagen auch mit Allradantrieb erhältlich. Für Vortrieb sorgten moderne Vierzylinder-Motoren mit 16-Ventil-Technik sowie ein Diesel; 1994 wurde als Topmodell ein Sechszylinder-24V mit 170 PS nachgereicht. Die Ziele hatte Ford hoch gesteckt: Der Mondeo sollte in der hart umkämpften Mittelklasse einen Marktanteil von fünfzehn Prozent erreichen. Das schaffte er nie, obwohl Ford das Programm ständig erweiterte und es schon ein Jahr nach Erscheinen über vierzig verschiedene Mondeo-Versionen zu kaufen gab – und das aufwendige Fahrwerk (Mehrlenkerhinterachse) vom ehemaligen Formel-1-Weltmeister Jackie Stewart abgestimmt worden war. Bereits 1997 wurde das Design des Mondeo grundlegend überarbeitet, 2001 folgte die zweite Generation, die dank des von Ford jetzt propagierten „New Edge Design" zwar deutlich frischer aussah, aber auch zu keiner Zeit die Verkaufszahlen erreichte, die sich der Hersteller gewünscht hatte. Wie schon bei seinem Vorgänger wurde vor allem das Fahrwerk gelobt, doch das war nicht unbedingt ein Punkt, mit dem die großen Massen in die Verkaufsräume zu locken waren. Zum Spitzenmodell hatte sich unterdessen der ST220 mit 226 PS gemausert.

2007 kam die bislang jüngste Mondeo-Version auf den Markt. Wieder wurde das Design komplett über den Haufen geworfen, „kinetic" heißt jetzt das Schlagwort, das von Martin Smith umgesetzt wurde. Der neue Mondeo baut auf den gleichen (Fahrwerks-)Modulen auf wie die Modelle S-Max und Galaxy und sprengt mit seinem Gardemaß von 4,86 Metern Länge die üblichen Verhältnisse in der gehobenen Mittelklasse.

Auch der MK4 (obwohl der Mondeo erst in der dritten Generation läuft) wird wieder für sein vorzügliches Fahrwerk gelobt. Ein „Weltauto" ist der neue Mondeo nun allerdings nicht mehr; das amerikanische Mutterhaus kocht sein eigenes Süppchen, was umso mehr verwundert, als der jüngste Mondeo sicher der beste Mondeo aller Zeiten ist.

240–241 Spät, erst 2003, kam VW auch noch ins Segment der kompakten Vans, doch der Erfolg gab den Wolfsburgern recht. Der Touran basiert – selbstverständlich – auf dem VW Golf und bietet bis zu sieben Personen Platz.

241 oben Eigentlich ist der Opel Zafira (hier in der zweiten Generation, ab 2005) ja ein eher biederes Gefährt für Familien. Doch die Version OPC bietet auch etwas für eilige Väter, nämlich satte 240 PS unter der Haube.

In einer ganz anderen Kategorie, weitab von den Träumen junger Familien, spielte unterdessen Mercedes. Innerhalb von nur 128 Tagen hatte der heutige „Mercedes-Tuner" AMG (was für Hans-Werner Aufrecht und Erhard Melcher in Großaspach steht) im Winter 1996/97 ein Fahrzeug konstruiert, mit dem Mercedes nach Auslaufen der Deutschen Tourenwagen-Meisterschaft (DTM) in der neuen FIA-GT-Meisterschaft ein Betätigungsfeld finden konnte. Zwar wären für die Homologation 25 straßenzugelassene Fahrzeuge nötig gewesen, doch der Verband verschaffte Mercedes eine Ausnahmegenehmigung, die Fahrzeuge später noch nachzureichen, weil sonst das Starterfeld etwas gar dünn gewesen wäre.

Der Renner wurde CLK GTR genannt, doch mit einem serienmäßigen CLK (W208) hatte er außer dem Namen und der Form der Leuchten gar nichts gemeinsam. Die AMG-Ingenieure konnten aus dem Vollen schöpfen, und sie taten es, indem sie einen Mittelmotor-Renner mit V12-Maschine auf die Räder stellten. Der Wagen war in der GT1-Klasse derart dominant, dass er nicht nur die Meisterschaft 1997 und 1998 gewann, sondern auch sämtliche Konkurrenten vertrieb. Die Meisterschaft wurde erneut abgeschafft, aber Mercedes/AMG mussten von November 1998 bis Sommer 1999 trotzdem noch die 25 Exemplare des Serienwagens nachliefern – eine nicht gerade glückliche Konstellation.

Zudem ereignete sich 1999 bei den 24 Stunden von

242–243 Am 17. Mai 1998 gewannen Bernd Schneider und Mark Webber in einem CLK GTR den FIA-GT-Lauf in Silverstone. Die CLK GTR für die Straße unterschieden sich optisch kaum von den Rennfahrzeugen. Der Heckflügel war etwas kleiner.

244–245 Wie der CLK GTR von Mercedes wurde auch der Porsche GT1 1996 primär als Rennfahrzeug konstruiert, doch für die Homologation wurden außerdem einige wenige Straßenfahrzeuge gebaut – mit 600 PS.

Le Mans, wo Mercedes mit einer Weiterentwicklung des CLK GTR, dem CLR, antrat, ein schrecklicher Unfall: Bei Peter Dumbrecks Wagen riss auf einer Kuppe der Anpressdruck ab, das Fahrzeug überschlug sich rückwärts und landete in einem Wäldchen weit abseits der Strecke. Dumbreck kam mit Prellungen davon, doch nach diesem Vorfall – der sich mit ähnlichen Überschlägen im Training und im Warm-up bereits angekündigt hatte – erklärte der damalige Mercedes-Chef Jürgen Hubbert, seine Marke werde nie wieder in Le Mans antreten.

Diese Straßenversionen besaßen wie die Rennwagen eine Karosserie aus kohlenstofffaserverstärktem Kunststoff (CFK). Wie der legendäre 300 SL besaß auch der CLK GTR Flügeltüren; für Sicherheit sorgten beim Serienmodell Front- und Seitenairbags. Unter der Haube – in diesem Fall hinter dem Fahrer – arbeitete der aus dem S600 bekannte 6-Liter-Zwölfzylinder, der auf einen Hubraum von sieben Liter gebracht wurde und 631 PS erreichte. Zwei Fahrzeuge wurden mit dem 7,3-Liter-V12 aus dem AMG-Programm ausgestattet, die anscheinend bis zu 720 PS leisteten. Mit einem Kaufpreis von 2,65 Millionen DM war (und ist) der CLK GTR der teuerste Serienwagen der Welt, dagegen ist selbst der 1001 PS starke Bugatti Veyron ein Schnäppchen.

2002 wurde noch eine zweite CLK-GTR-Version von fünf Exemplaren aufgelegt, diesmal als Roadster ohne Stoffverdeck.

Mit Vorsprung in eine neue Ära

246–247 Der GT2 stellt das Optimum des 911er-Programms dar: 530 Turbo-PS, 329 km/h Höchstgeschwindigkeit, sportlich um einige Kilogramm erleichtert und doch alles eingebaut, was gut und teuer ist. Das Überfahrzeug im Porsche-Angebot.

KAPITEL 9

Zu Beginn des 21. Jahrhunderts muss sich auch die deutsche Autoindustrie neuen Herausforderungen stellen. Verkehrsinfarkt, Umweltschutz, Erderwärmung, abnehmende Erdölvorräte, hohe Benzinpreise – das Automobil ist endgültig ins Schussfeld der Kritik geraten. Toyota hatte schon 1997 den Prius mit Hybridantrieb auf den Markt gebracht, was gerade von deutschen Herstellern belächelt und verschiedentlich auch mit hämischen Bemerkungen bedacht worden war. Doch auch wenn offensichtlich ist, dass der Hybridantrieb nicht die endgültige Lösung sein kann, so war der Ansatz des japanischen Herstellers trotzdem erfolgreich – und hat auch bei den deutschen Herstellern zu einem Umdenken geführt. Spätestens ab 2010 wurden Mercedes- und BMW-Fahrzeuge mit einem

zusätzlichen Elektromotor eingeführt und die anderen Produzenten konnten nicht mehr weiter hintanstehen. Sicher ist: Die kommenden Jahre werden spannend. Die weltweite Automobilindustrie steht wohl vor den größten Veränderungen in ihrer Geschichte. Es wird ein Wettlauf werden, wer die politischen und gesellschaftlichen Anforderungen an das Automobil am besten, nicht am schnellsten erfüllen kann. Es wird vermehrt Hybride geben, doch auf die Dauer werden sich reine Elektrofahrzeuge durchsetzen. Was mit der so gern propagierten Brennstoffzelle, dem Wasserstoffantrieb geschehen wird, das muss sich noch weisen, doch in den nächsten fünfzehn, zwanzig Jahren bestehen wohl kaum Chancen, dass sich diese wahrscheinlich umweltfreundlichste aller Technologien durchsetzen kann. Es geht dabei weniger um die technische Machbarkeit als um die Infrastruktur und die Gesamtenergiebilanz. Zu Beginn des 21. Jahrhunderts schien die deutsche Automobilindustrie diejenige zu sein, die am besten für die großen Herausforderungen der Zukunft gerüstet war.

Auch wenn es Toyota gelungen ist, zu einem der erfolgreichsten Automobilhersteller der Welt zu werden, sind deutsche Premiummarken heute noch ganz vorn mit dabei. Während die Deutschen in technologischer und qualitativer Hinsicht unangefochten an der Spitze stehen, gibt es keine Garantie dafür, dass dies auch so bleiben wird. In den letzten Jahren verzeichneten vor allem Marken aus Asien ein exponentielles Wachstum sowohl bei Hybridautos (Korea) als auch bei Elektrofahrzeugen (China, das über den Großteil der für den Bau von Batterien und Motoren benötigten Rohstoffe verfügt). Geschwächt erscheinen deutsche Hersteller, die auf dem Massenmarkt tätig sind, darunter die Marke Opel, die 2021 im italienisch-französischen multinationalen Unternehmen Stellantis aufging. Unterdessen bewiesen selbst deutsche Automobilhersteller, dass sie aus ihren Fehlern lernen können, und sie werden alles in ihrer Macht Stehende tun, um auf die schlagkräftige Konkurrenz zu reagieren. Was auch immer geschieht, wir können sicher sein, dass deutsche Autos noch jahrzehntelang ein Symbol für Qualität sein werden.

Im 21. Jahrhundert schien die Zeit der Supersportwagen eigentlich längst vorbei zu sein. Nach dem Tod des legendären Enzo Ferrari 1988 kam es in der Folge zu einem spektakulären Einbruch nicht nur auf dem völlig überhitzten Oldtimermarkt, sondern auch bei den Überfliegern unter den Sportwagen; Fahrzeuge wie der Jaguar XJ220, aber auch der Porsche 959

248 oben Mit „EfficientDynamics" gelang den Bayern ein Geniestreich, der weit über das reine Marketing hinausging und eine solide Grundlage für die in den folgenden Jahren aufkommenden Hybride (insbesondere Plug-in-Fahrzeuge) legte.

248–249 Der Chevrolet Volt kam 2010 auf den Markt – und revolutionierte die Automobilindustrie als erstes Elektrofahrzeug sein, das in Großserie gebaut wurde.

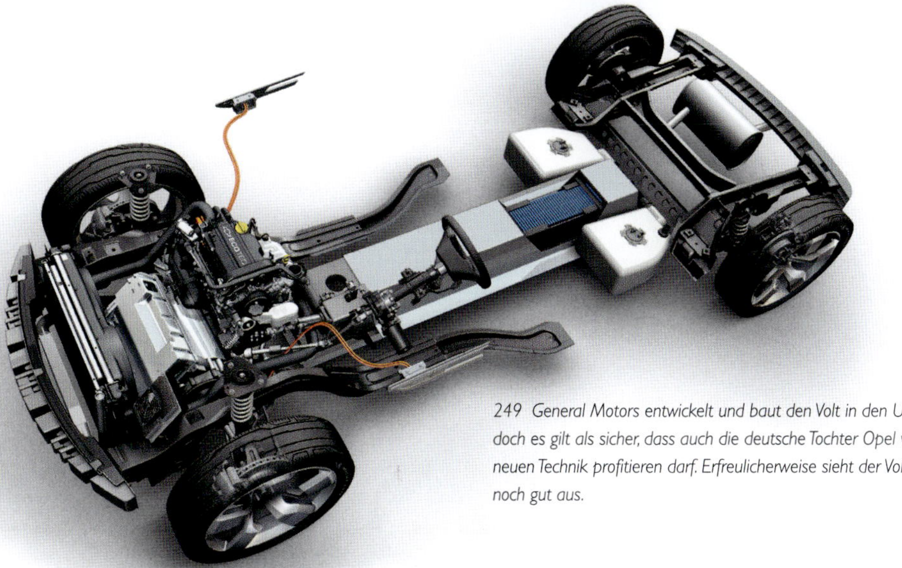

249 General Motors entwickelt und baut den Volt in den USA, doch es gilt als sicher, dass auch die deutsche Tochter Opel von der neuen Technik profitieren darf. Erfreulicherweise sieht der Volt auch noch gut aus.

250 oben Bei der Konstruktion des Carrera GT arbeitete Porsche mit den neusten technischen Hilfsmitteln. Mit 3-D-Brillen konnten sich die Ingenieure an Großbildwänden einen realistischen Eindruck ihrer Arbeit verschaffen.

250 Mitte Um die unglaublich teuren, aber sehr effektiven innenbelüfteten Keramikbremsen jederzeit auf optimaler Betriebstemperatur halten zu können, wurde dem Carrera GT ein spezielles Luftleitsystem montiert.

250 unten Vor dem Zusammenbau werden beim Carrera GT spezielle Matten eingesetzt, welche die Fahrgeräusche dämmen sollen. Ob das ein Sportwagen wirklich braucht? Lärm und auch Vibrationen gehören doch einfach dazu.

251 Keine Konzeptkunst, sondern die einzelnen Bestandteile der Carrera-GT-Karosse. Das Monocoque-Chassis bestand komplett aus kohlefaserverstärktem Kunststoff. Trotzdem wog das Fahrzeug 1,4 Tonnen.

erwiesen sich auf einen Schlag als nahezu unverkäuflich.

Doch Porsche verstand es, aus der Not eine Tugend zu machen. Die Zuffenhausener hatten für die 24 Stunden von Le Mans einen LMP1-Prototyp entwickelt, sich dann aber entschlossen, bei diesem Rennen nicht anzutreten. Stattdessen wurden gewisse Teile dieses Rennwagens, wie etwa Motor und Chassis, für den Carrera GT verwendet, der 2003 auf den Markt kam. Dass es ein weiterhin sehr schwieriges Umfeld war, musste auch die erfolgsverwöhnte Marke Porsche erleben: 1500 Stück sollten bis April 2006 produziert und verkauft werden, doch es wurden nur 1282. Keine schlechte Zahl für ein gut 400 000 Euro (ohne Mehrwertsteuer) teures Fahrzeug, doch die Entscheider bei Porsche waren sich sicher gewesen, die ins Auge gefassten 1500 Stück locker absetzen zu können. Die eigenen Erwartungen in diesem Segment übertraf in jenen Jahren eigentlich nur Ferrari, das von seinem Enzo nur 349 Stück bauen wollte, jedoch aufgrund der großen Nachfrage schon vor der Präsentation nochmals fünfzig Stück nachlegen musste.

Der Carrera GT dürfte als eines der schnellsten Serienfahrzeuge aller Zeiten in die Geschichte eingehen. Bei Testfahrten auf der Nordschleife des Nürburgrings kam er auf eine Zeit von 7:32 Minuten, was als sensationell galt. Die Abstimmungsarbeiten am Fahrwerk waren zu einem großen Teil vom zweifachen Rallye-Weltmeister Walter Röhrl vorgenommen worden.

Für Vortrieb sorgte beim Carrera GT ein V10-Mittelmotor mit 5,7 Liter Hubraum, der 612 PS stark war. Er beschleunigte das knapp 1,4 Tonnen schwere Fahrzeug in 3,9 Sekunden von 0 auf 100 km/h (ein fantastischer Wert für einen Wagen mit Hinterradantrieb), in 9,9 Sekunden war bereits Tempo 200 erreicht; die Höchstgeschwindigkeit lag bei 334 km/h.

Le Mans '98

252 oben links Extravaganz ist Trumpf – beim Carrera GT war selbst ein so profanes Bauteil wie der Außenspiegel dem Gestaltungswillen der Designer unterworfen …

252 unten links Bei der Einführung des Carrera GT im Jahr 2003 war die Xenon-Lichttechnik noch sehr außergewöhnlich. Doch Porsche wollte seinen Supersportwagen mit allem ausstatten, was gerade „state of the art" war.

252 rechts Auffällig ist das lange Heck des Mittelmotorsportwagens. Gemäß Werksangaben beschleunigte der Carrera GT in 3,9 Sekunden von 0 auf 100 km/h, 200 km/h waren schon nach 9,9 Sekunden erreicht.

253 Der Aggregateträger des Carrera GT wurde zum ersten Mal in der Automobilgeschichte aus Karbonfaser hergestellt. Der Zehnzylindermotor wurde für einen Le-Mans-Rennwagen konstruiert, der nie zum Einsatz kam.

254–255 Den Porsche Carrera GT gab es ursprünglich in sechs Farben: GT Silber metallic, Schwarz, Basaltschwarz metallic, Indischrot, Sealgrau metallic und in diesem Gelb, das die Bezeichnung „Fayence" trug.

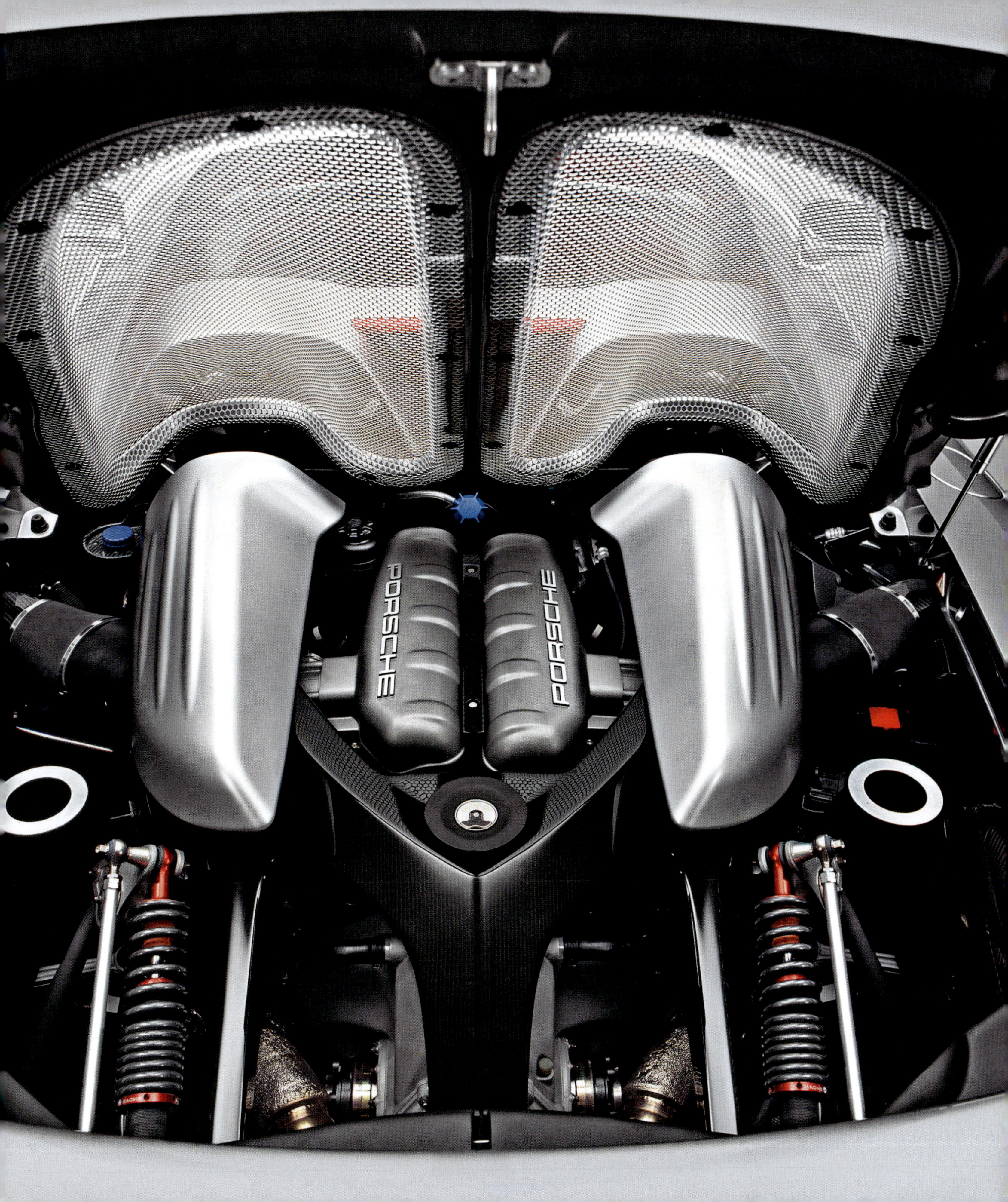
PORSCHE
PORSCHE

PORSCHE

PORSCHE

256–257 und 257 oben Der Turbo der Baureihe 997 (ab 2004) ist seit 2006 auf dem Markt. Sein 3,6-Liter-Motor leistet 480 PS, die zwei Turbos verfügen über eine variabel verstellbare Turbinengeometrie. Den Sprint auf 100 km/h schafft er in vier Sekunden.

258–259 Der 2005 vorgestellte Cayman repräsentiert die vierte Baureihe von Porsche (neben 911, Boxster und Cayenne). Er basiert auf dem Boxster, verfügt über die gleichen Motorisierungen, ist aber preislich etwas höher positioniert.

turbo
RKS 637

260 und 260–261 Der Porsche Boxster ist seit 1993 auf dem Markt, er war damals die zweite Baureihe neben dem 911. Sein Design ist eine moderne Interpretation alter Porsche-Roadster-Tugenden, etwa vom 550 Spyder oder dem 718 RS 60 aus dem Jahr 1960.

Boxster

Der Aufstieg der Volkswagen Group zum größten Automobilhersteller Europas begann eigentlich schon in den sechziger Jahren, genauer gesagt 1964, als die Wolfsburger von Daimler-Benz die damalige Auto Union kauften, aus der später die Audi AG wurde. 1986 kam der spanische Hersteller Seat dazu, 1991 die tschechische Traditionsmarke Skoda. Im Jahr 1993 übernahm Ferdinand Piëch den Vorstandssitz bei VW – und dann gab es kein Halten mehr. Piëch wollte die Volkswagen Group zu einem weltweit führenden Hersteller machen, und das nicht allein über Zukäufe, auch der Name Volkswagen selbst sollte Premium werden. So entstand auch der unglückselige VW Phaeton, eigentlich ein prächtiges Fahrzeug, doch auch ein mächtiger Schlag ins Wasser, denn der Wagen kam nie an seine ehrgeizigen Verkaufsziele heran.

1998 konnte sich die Volkswagen Group aber gleich drei prestigeträchtige Marken einverleiben: Bentley, Bugatti und Lamborghini. Piëch war da, wo er hin wollte: ganz oben. Doch so einfach, wie er sich das vorgestellt hatte, lief es nicht. Zuerst gab es einen Namensstreit mit BMW um die Rechte an Bentley/Rolls-Royce,

262 oben Ferdinand Piëch (geboren am 17. April 1937; hier auf dem Videobildschirm während eines Vorstandtreffens der Volkswagen-Gruppe im April 2008) ist eine der prägenden Gestalten der deutschen Automobilindustrie.

262 unten Nach einer Krise in den Jahren 2003/04 hat sich Volkswagen wieder bestens erholt. Damals hatte der Golf V Absatzschwierigkeiten. Neue Arbeitszeitmodelle und Produkte brachten die entscheidende Entlastung.

aus dem die Bayern als klarer Sieger hervorgingen. Dann kam der schon lange angekündigte Bugatti Veyron nicht auf Touren und Seat kostete einfach immer nur Geld. Der härteste Schlag war aber sicher der Misserfolg der fünften Generation des VW Golf (ab 2003). Schon 2003 musste die Gruppe einen Gewinneinbruch von 50 Prozent hinnehmen, 2004 rutschte das Unternehmen endgültig in die Krise, 2005 kam noch eine Korruptionsaffäre dazu.

Anfang 2005 kaufte die Porsche AG ungefähr 21 Prozent der Stammaktien der Volkswagen Group für ein Trinkgeld, denn der Kurs der VW-Aktie war auf ein bedenkliches Niveau gesunken. Bis März 2007 hatte Porsche seinen Anteil auf 30,9 Prozent ausgebaut und war damit mit Abstand größter Anteilseigner. Die Politik des größten europäischen Autoherstellers wird nun also vom deutlich kleineren Sportwagenhersteller bestimmt. Seit März 2008 steht Wolfgang Porsche, ein Enkel Ferdinand Porsches, der Porsche Holding vor, in der die Aktivitäten von Porsche wie auch der Volkswagen Group gebündelt sind; sein Cousin Ferdinand Piëch musste das Ruder abgeben.

Trotz des Rückschlags durch Dieselgate 2015 (als gefälschte Emissionswerte von Turbodieselmotoren in den USA und Europa aufgedeckt wurden) ist Volkswagen als Konzern stark: Audi eilt von Rekord zu Rekord, Bentley ist unglaublich erfolgreich (wenn man die anfänglichen Investitionen ausblendet), ebenso wie Lamborghini. Bugatti stellte endlich den ultraschnellen Tourbillon vor, Skoda wächst stetig und der jüngste im Bunde, der Cupra, ist bereits gut auf dem Markt etabliert und wird die Marke Seat, die in den kommenden Jahren verschwinden wird, nahtlos ersetzen.

262–263 Bereits 1998 hatte sich die Volkswagen-Gruppe die Markenrechte von Bugatti gesichert, aber erst im September 2005 erfolgte dann der Verkaufsstart des 1001 PS starken Veyron 16.4, von dem es dreihundert Exemplare geben wird.

R8

Der Audi R8 ist ein heikles Thema. Vorgestellt im September 2006, war sein aggressives Design nicht unbedingt nach jedermanns Geschmack. Auch standen schon damals die Zeichen der Zeit auf ziemlichem Gegenwind für ein Automobil, dessen Standardausführung von einem 420 PS starken Achtzylinder angetrieben wird: Andere Hersteller konzentrierten sich auf kleinere, leichtere, verbrauchsgünstigere Fahrzeuge. Audi dagegen stellte einen Superboliden auf die Räder. Und noch ein Problem: Der Hauptaktionär der Volkswagen Group, zu der auch Audi gehört, heißt seit 2005 Porsche. Und der R8 stand im direkter Konkurrenz zu dessen Bestseller 911.

Die Einführung des R8 ging auch sonst nicht ganz ohne Nebengeräusche über die Bühne: Während der ersten Testfahrten kam es zu Schwierigkeiten aufgrund von Überhitzung (mehrere Prototypen brannten aus). Nachdem schon der Audi TT (letztendlich gelöste) Probleme mit der Fahrstabilität gezeigt hatte, kamen ernsthafte Zweifel auf, ob der R8 sich wirklich für einen Serienstart eignen würde. Doch anscheinend hat Audi inzwischen alles im Griff. So bekam der Supersportwagen von Audi grünes Licht. Nach mehr als 40 000 Exemplaren, die über zwei Generationen hinweg vom Band liefen, wurde er im März 2024 endgültig ausgemustert. Im Laufe seiner langen Karriere wurde er mit dem V10-Motor aus dem Lamborghini-Regal ausgestattet (gut für 620 PS) und sogar in einer Version mit reinem Hinterradantrieb (Rear Wheel Series – RWS) angeboten.

264–265 Der Audi R8 ist ein Mittelmotorsportwagen – mit Allradantrieb. Dieser stammt von Lamborghini; der legendäre italienische Sportwagenhersteller gehört seit 1998 zur Audi AG.

315 km
JOY FM
Short-term memory
50%
75%
100%
25%
READY
CHARGE
POWER
P
COMFORT
AUTO
VIEW
RADIO
MEDIA
PHONE APPS
CAR
AUTO
FRONT
REAR

271 Mitte und unten Linien und Ästhetik der Ingolstädter Hyperlimousine sind futuristisch, wie von einem anderen Planeten (dem Planeten der Elektroautos). Das Fahrzeug ist flach, schnittig und steht breitbeinig auf dem Boden. Auch die Seitenansicht ist beeindruckend.

270 oben und 270–271 Der Fahrersitz liegt sehr tief und ist vielfältig verstellbar: Jeder Fahrer findet sicher seine ideale Position. Innovation zeigt sich auch in den technischen Details: klassische Tasten, aber auch große Bildschirme für die Instrumente und ein Multimedia-System.

Während Audi den Bau von Mittelmotor-Sportwagen (zumindest vorläufig) aufgegeben hat, blieben die Ingenieure in Ingolstadt nicht untätig. Vielmehr beschlossen sie, die Chancen des grünen Wandels zu nutzen und herauszufinden, wie viel Fahrspaß Elektroautos bieten können. Neben der batterieelektrischen SUV-Reihe wurde 2020 auch der e-tron GT vorgestellt. Diese schnittige, tiefergelegte Oberklasselimousine verfügt über hochmoderne Hightech-Features und satte Leistung, vor allem in der RS-Version: Die beiden Motoren mit 598 PS und 830 Nm (Systemleistung) beschleunigen sie in nur 2,5 Sekunden auf 100 km/h und erreichen 250 km/h. Übrigens ist die technische Basis des e-tron GT die gleiche wie beim Porsche Taycan, dem elektrischen Wunderwerk aus Zuffenhausen, das nur ein Jahr zuvor präsentiert wurde. Dabei hat das Audi-Modell eine ganz eigene Persönlichkeit, deren Silhouette überlegene Konstruktionsmethoden und Technologie heraufbeschwört. Neben zwei permanenterregten Synchronmaschinen ist auf dem Datenblatt ein 800-Volt-Bordnetz angegeben, das unter anderem blitzschnelles Aufladen ermöglicht: An 350-kW-Ladestationen, wie sie oft in der Nähe von Autobahnen zu finden sind, dauert es nur eine halbe Stunde, um von 20 auf 80 Prozent der Ladekapazität zu kommen. Den jüngsten Facelift nutzte Audi, um die Gesamtleistung auf beeindruckende 925 PS (für den RS e-tron Performance) zu steigern, gepaart mit einem Drehmoment von 1027 Nm, das auf alle vier Räder verteilt wird.

272–273 und 273 Als Mercedes 2003 den CLS (intern C219, abgewandelt aus der E-Klasse, W211) präsentierte und bereits 2004 auf den Markt brachte, war die Überraschung riesengroß: Schon lange hatte man kein so elegantes Fahrzeug der Daimler AG mehr gesehen. Die Form eines viertürigen Coupés wurde vom Markt gut aufgenommen und die Nachahmer (Jaguar XF, VW Passat CC etc.) folgten schon bald.

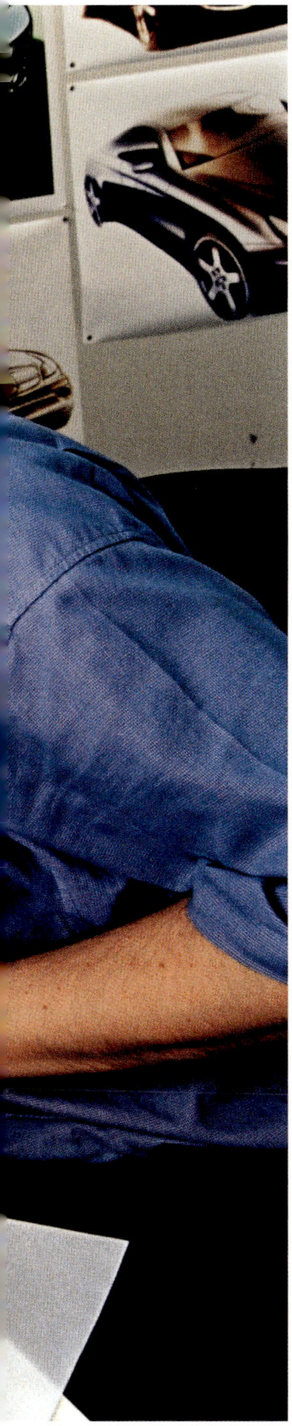

Es war eine große Überraschung, als die Marke mit dem Stern dieses Fahrzeug als Studie „Vision CLS" auf der IAA 2003 vorstellte: Zu diesem Zeitpunkt hatte Mercedes ein ernsthaftes Problem in Sachen Design, und der CLS war ein ausgesprochen elegantes Fahrzeug, das die ansonsten sehr konservativen Linien des Daimler-Programms mehr als nur wohltuend durchbrach. Erfreulicherweise wurde die Optik für das Serienmodell (C219) kaum mehr verändert, das viertürige Coupé (das gemäß Typenschein allerdings eine Limousine ist) wurde sofort zu einem schönen Farbtupfer in den Verkaufsräumen der Mercedes-Händler.

Der CLS basierte auf der E-Klasse (W211). Natürlich entsprach auch die Motorisierung dem sportiven Anspruch: Nach einem sanften Facelift 2008 begann das Feld bei 224 PS für den CLS 320 CDI (Einstiegsversion war allerdings der CLS 280 mit 231 PS) und reichte bis 514 PS in der AMG-Variante CLS 63. Die leistungsstärkste Version der Baureihe war der CLS 53 4Matic+ EQ-Boost AMG: Mit seinen 435 PS hatte er dank eines Mild-Hybrid-Systems, das die Emissionen im Zaum hielt, auch die Umwelt im Blick.

274 oben und 274–275 Der 625 PS starke Supersportwagen mit der offiziellen Bezeichnung Mercedes-Benz SLR McLaren kam 2004 auf den Markt: 3500 Stück sollten gebaut werden, doch die Verkäufe liefen eher schleppend. Der 2007 vorgestellte Roadster auf Basis des SLR brachte endlich Schwung in die Verkaufszahlen. Neben der offenen Variante gab es auch noch den 44 Kilogramm leichteren 722, der 650 PS leistete.

Noch erfolgreicher als Mercedes mit seinem CLS waren die Volkswagen Group sowie Porsche mit der Einführung dreier „Saurier“: der riesigen Geländewagen VW Touareg, Audi Q7 und Porsche Cayenne. Diese drei Modelle teilen sich die gleiche Plattform: Fahrwerk, Elektronik und auch einige Komponenten sind weitgehend identisch. Der Touareg und der Cayenne kamen schon 2002 auf den Markt, Audi wartete mit seinem deutlich größeren, 5,09 Meter langen Q7 (Touareg 4,76 Meter, Cayenne 4,8 Meter) bis 2006 mit der Markteinführung.

Was allen Fahrzeugen gemeinsam ist: Sie verkaufen sich wie warme Semmeln. Der Cayenne war mit 39 000 verkauften Einheiten im ersten Jahr der erfolgreichste Porsche, VW verdiente sich mit dem Touareg eine goldene Nase und auch Audi kann sich über mangelnden Zuspruch für seinen Q7 sicher nicht beklagen (auch wenn er deutlich hinter seinen Schwestermodellen zurückliegt).

Doch die Sports Utility Vehicles (SUV) ernteten nicht nur Lob. Der Cayenne Turbo S mit seinen 521 PS und einem Leergewicht von gut 2,5 Tonnen zierte lange den ersten Rang unter den Fahrzeugen mit dem höchsten CO_2-Ausstoß. Beim Facelift des Cayenne im Jahre 2007 war der Turbo S anfangs nicht mehr im Programm, doch später wurde er nachgereicht.

Im 2019 war das Coupé mit der abfallenden Heckscheibe an der Reihe. Ganz oben auf der Liste steht heute der Turbo e-Hybrid, ein Plug-in-Fahrzeug mit 739 PS und einer Höchstgeschwindigkeit von 305 km/h. Die Palette der Porsche-SUVs wurde kürzlich erweitert, auch nach unten: 2013 feierte der kleine Macan sein Debüt. Die neueste Version des Macan ist rein elektrisch, hat aber nichts von seiner Porsche-DNA verloren: Der Turbo hat zwei Motoren, Allradantrieb und bis zu 639 PS.

Auf dem heutigen Markt wäre ein solcher Motor völlig fehl am Platz. Tatsächlich gibt es den Maxi-SUV immer noch, wenn auch in der dritten Generation, angetrieben von zwei 3-Liter-V6-Motoren, einem Diesel (231 und 286 PS) und einem Gas-Elektro-Hybrid (erhältlich in den Varianten 381 und 462 PS). Natürlich lässt sich mit den konstruktiv relativ simplen, aber zu hohen Preisen absetzbaren SUVs (die nur sehr selten je abseits befestigter Straßen bewegt werden) sehr viel Geld verdienen. Die Margen sind bedeutend höher als bei anderen Fahrzeugen. Dennoch büßen diese Fahrzeuge an Beliebtheit ein, vor allem in Europa. In den USA und im Nahen Osten sowie in China und Russland sind sie dagegen noch relativ stark vertreten.

276 unten Im Jahr 2002 wurde der VW Touareg präsentiert, der Bruder des Porsche Cayenne und Audi Q7. VW erfreut nicht nur der Verkaufserfolg, sondern auch die gewaltigen Margen, die sich mit diesen teuren SUV erzielen lassen.

276–277 Der erste, fast 5,1 Meter lange Audi Q7 wog mindestens 2,2 Tonnen. In der heutigen Zeit gibt es kaum noch wirklich gute Argumente für ein Fahrzeug dieses Kalibers.

278 oben Noch vor wenigen Jahren hätte sich niemand vorstellen können, dass Porsche je ein so unsportliches Modell wie den Cayenne bauen würde. Es gab aber Jahre, da war das SUV der meistverkaufte Porsche überhaupt.

278 unten Die romantische Vorstellung, dass Autodesigner noch mit Stift auf Papier arbeiten, stimmt längst nicht mehr. Am Computer können die kompletten Entwicklungsarbeiten simuliert werden, das spart viel Zeit und Geld.

279 oben links Bei der Gestaltung der Armaturen für den Cayenne hielt sich Porsche an das klassische Design des 911er – und schaffte es, das Mehr an Informationen, die ein Geländewagen braucht, elegant zu verpacken.

279 oben rechts Heute werden die Tonmodelle, die auch in Zeiten der kompletten Computerisierung des Autodesigns noch gebaut werden, natürlich nicht mehr von Hand, sondern mithilfe hochpräziser Roboter erstellt.

279 unten Von allen SUVs auf dem Markt ist der Cayenne immer noch die sportlichste Option. Die zweite Generation des Turbo S (erschienen 2007) leistete 550 PS und erreichte eine Höchstgeschwindigkeit von 280 km/h.

Cayenne

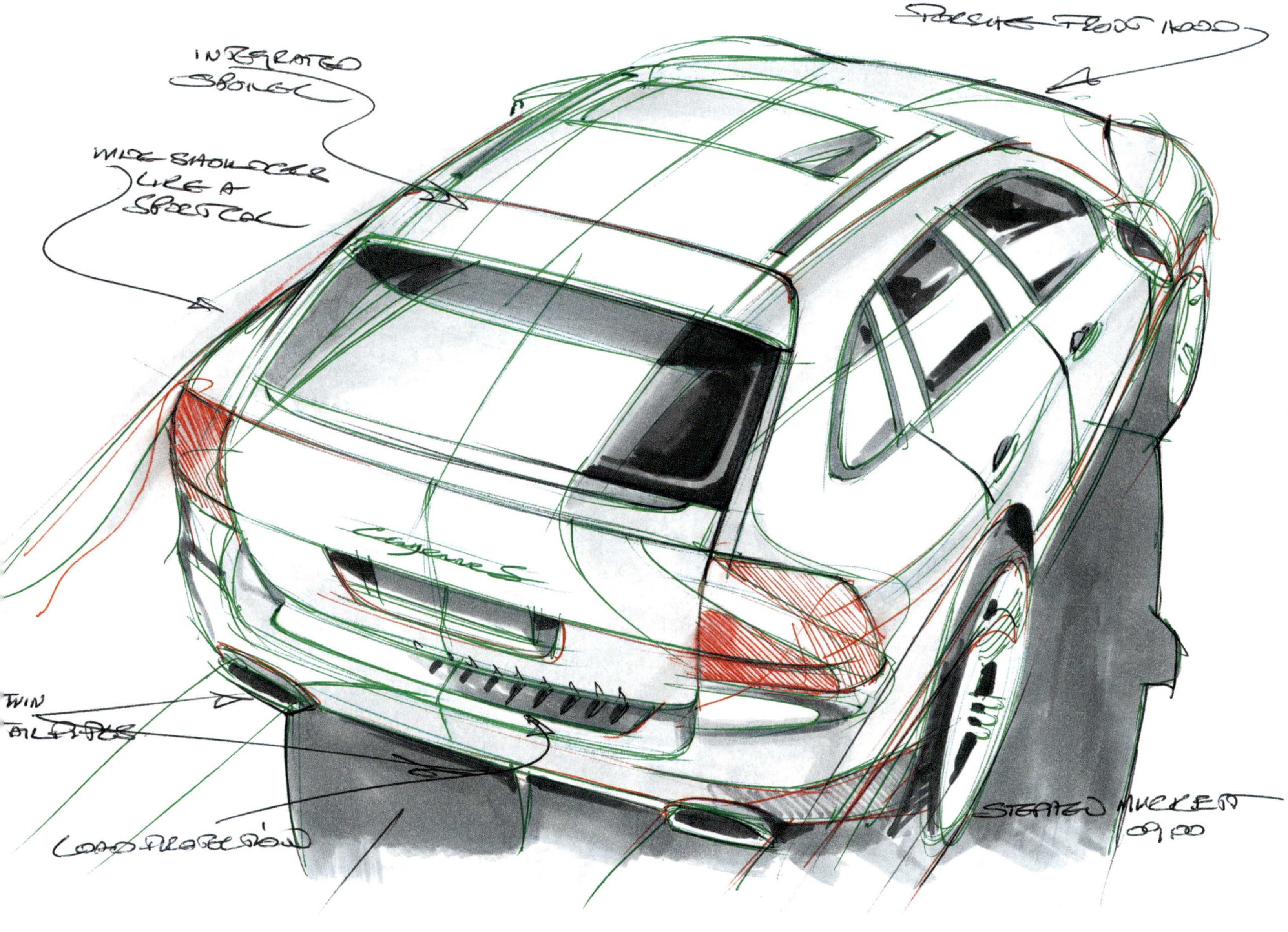
TWIN
Cayenne S

280 oben Ein Porsche Cayenne Turbo S mit seinen mächtigen Lufteinlässen an der Front macht jede Menge her, hat viel Überholimage. Ob das Design wirklich gelungen ist, darüber ließe sich aber sicher diskutieren.

280 unten Die schwächeren Ausführungen des Cayenne S – das Einstiegsmodell verfügt über einen 3,6-Liter-Sechszylinder mit „nur" 290 PS – sind an den kleineren Lufteinlässen an der Front einfach zu erkennen.

280–281 Die zweite Generation des Cayenne Turbo (ab 2007) ist in fünf verschiedenen Motorvarianten erhältlich (hier ein Turbo mit 500 PS). Es gibt auch einen GTS, der ganz auf Straßenbetrieb ausgerichtet ist.

Das (fast) genaue Gegenteil von Touareg, Cayenne und Q7 ist der Volkswagen ID.3. So wie der Käfer „der Volkswagen" sein sollte (des deutschen Volkes, um genau zu sein), wurde das erste vollelektrische Auto aus Wolfsburg als Plug-in für alle geschaffen – nach Vorstellung der Marketingexperten und Designer als echte und realisierbare Alternative zum Golf, der seit jeher das beliebte Flaggschiff der Marke war. Der 2019 vorgestellte ID.3 basiert auf der modularen MEB-Plattform, der Grundlage für fast alle Elektroautos des Konzerns. Die Batterie ist im Boden zwischen den beiden Achsen eingebettet. Jeder Zentimeter des Innenraums wird so optimal genutzt, was angesichts seiner Länge (4,26 Meter) bemerkenswert ist und auch die Fahrdynamik verbessert: Die Lithium-Ionen-Batterie trägt durch ihre niedrige Positionierung dazu bei, den Schwerpunkt des Fahrzeugs zu senken. Das Cockpit ist viel nüchterner als das des Golf aus dem gleichen Modelljahr und konzentriert sich ganz auf die Virtualität, mit zwei Bildschirmen für Instrumente und Multimediasystem und sehr wenigen echten Knöpfen und Tasten. Der Motor und damit der Antrieb sind hinten, genau wie im berühmten Käfer. 204 PS sorgen für flotten Vortrieb; die 59-kWh-Batterie reicht mit einer einzigen Ladung über 400 Kilometer weit. Es gibt sogar eine Version mit größerer Batterie (79 kWh) und über 500 Kilometern Autonomie. Ungeachtet eines Facelifts 2023, bei dem die Innenausstattung verbessert wurde, und der Einführung der sportlichen GTX-Version (mit 286 PS) hat der ID.3 die Herzen der Autofahrer allerdings noch nicht erobert.

282–283 Volkswagen zufolge sollte der ID.3 in jeder Hinsicht das Erbe des Golf antreten. Tatsächlich kam der Verkauf jedoch nie richtig in Schwung. Der Grund liegt wohl in seinem Charakter als Elektroauto.

283 oben Für Vortrieb sorgt ein Elektromotor über der Hinterachse (und damit ein echter Heckantrieb), ähnlich wie im alten Käfer. Auf diese Weise gelang es den Designern, reichlich Beinfreiheit zu schaffen.

283 unten Einige ID.3 wurden in der Gläsernen Manufaktur in Dresden gefertigt, die Ferdinand Piëch 2002 für die Produktion des Flaggschiffs Phaeton errichten ließ. Volkswagen organisierte hier sogar Führungen am Fließband und Sommercamps für Kinder.

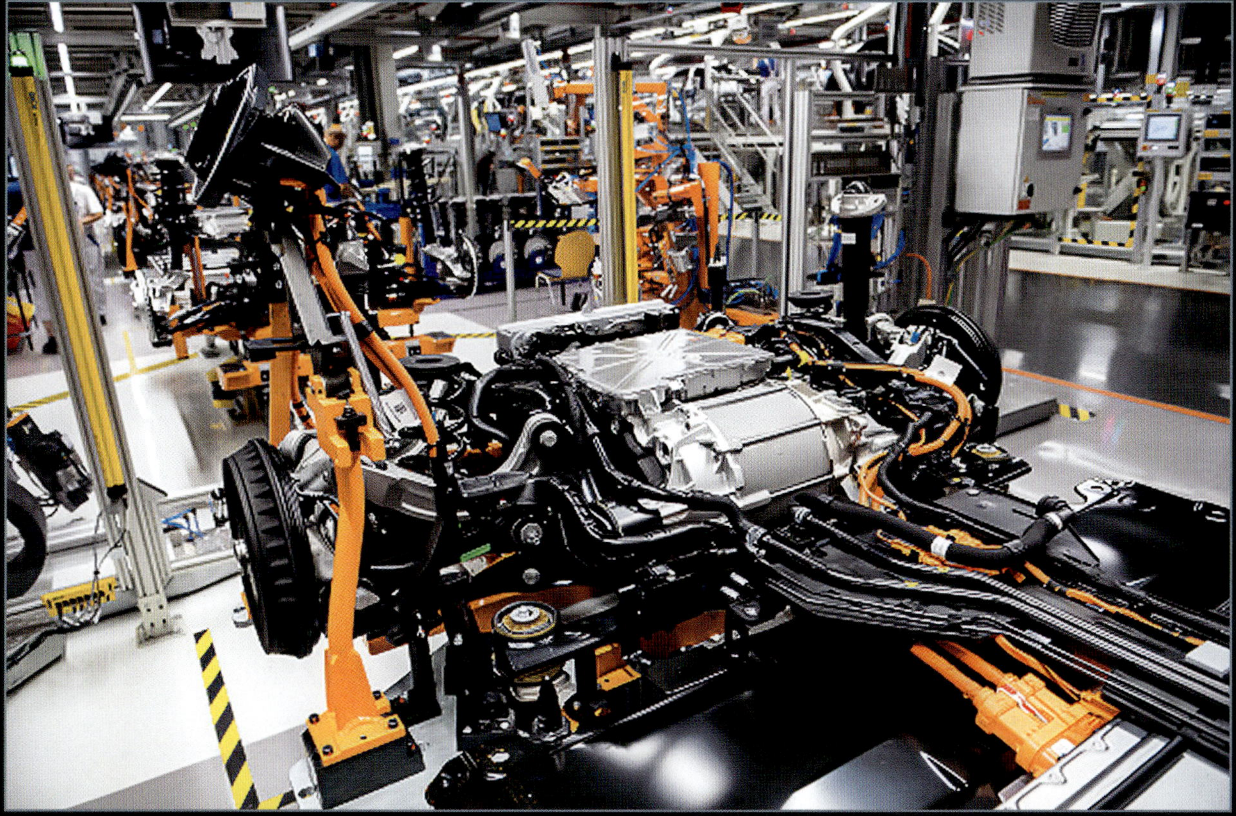

Zu den gar nicht so wenigen kleinen deutschen Herstellern zählt Artega. Der GT wurde 2007 auf dem Genfer Autosalon vorgestellt und stieß auf großes Interesse. Das Design stammte von Henrik Fisker (u.a. Aston Martin DB7) und der ehemalige Porsche-Ingenieur Hardy Essig war für die Technik verantwortlich. Dieser zweisitzige Coupé-Sportwagen wird von einem 3,6-Liter-Sechszylinder-Motor von VW angetrieben, der im Heck eingebaut ist. Die Karosserie ruht auf einem Alu-Spaceframe und ist aus einem mit Kohlefaser verstärkten Verbundwerkstoff gefertigt. Die Höchstgeschwindigkeit des Artega GT liegt bei 270 km/h, beschleunigt wird in weniger als 5 Sekunden von 0 auf 100 km/h. Inzwischen wurde Artega von einem anderen Unternehmen übernommen, das sich mit Elektrofahrzeugen beschäftigt, aber die Produktion liegt still.

Zwar existiert sie nicht mehr, aber die Gumpert Sportwagenmanufaktur aus Altenburg in Thüringen ließ die Designphase zumindest hinter sich. Namensgeber war der ehemalige Manager von Audi Motorsport Roland Gumpert, und sein Apollo GT war ein für den Straßenverkehr zugelassener Rennwagen. Das Design von Marco Vanetta stammt aus dem Jahr 2002. Die Technik lieferte größtenteils Audi, wobei der berühmte 4,2-Liter-V8-Motor von Gumpert für die drei verschiedenen Leistungsstufen (650, 700 und 800 PS) komplett angepasst wurde. Das brachte den Apollo auf eine Höchstgeschwindigkeit von 360 km/h und von 0 auf 100 km/h in 3 Sekunden.

Zu den aktuellen deutschen Kleinwagenherstellern gehört Wiesmann. Das Unternehmen wurde 1984 von den Brüdern Friedhelm und Martin Wiesmann gegründet und stellt seit 1993 eigene Autos her. Das erste Modell war der MF, ein klassischer Roadster mit einem Stahlrohrrahmen-Chassis und einem Dreiliter-6-Zylinder von BMW. Später kamen leistungsstärkere Cabriolets auf den Markt, die mit der neuesten Version des BMW-M3-Motors ausgestattet waren (343 PS für ein Fahrzeug mit einem Gewicht von nur 1200 kg), während es als Kleinstserie auch die GT-Coupé-Version gab, die vom V10-Motor des BMW M5 (507 PS) angetrieben wurde. Heute hat der deutsche Automobilhersteller den Paradigmenwechsel hin zur Elektromobilität vollzogen: Der Newcomer heißt Projekt Thunderball und ist ein komplett von Hand gebauter zweisitziger Roadster, der von zwei Elektromotoren angetrieben wird. Die Systemleistung beträgt 680 PS, während das

284–285 Linien und Proportionen lügen nicht: Projekt Thunderball ist eine ebenso sinnliche wie konsequente Erinnerung an das, was Wiesmann-Automobile schon immer verkörperten, in diesem Fall als offenes Modell. Und ohne Lärm aus dem Auspuff.

285 Rein stilistisch ist die Innenausstattung nichts Neues. Dennoch vermittelt sie dank viel Leder unbestreitbar ein angenehmes Gefühl von Qualität. Exquisit sind auch die sieben in das Armaturenbrett eingelassenen Rundinstrumente.

Drehmoment bei bemerkenswerten 1100 Nm liegt. Zusammen mit einem Leergewicht von nur 1775 kg beschleunigt dieses außergewöhnliche Fahrzeug in weniger als drei Sekunden von 0 auf 100 km/h. Bei zurückhaltender Fahrweise ist es laut Hersteller auch möglich, mit einer Ladung der in der Bodenwanne verbauten Batterien (92 kWh) mehr als 500 km zurückzulegen. Jedes Projekt-Thunderball-Fahrzeug kann auf der Wiesmann-Website gegen eine einfache Anzahlung von 3000 Euro reserviert werden, obwohl der Preis – der je nach den gewählten Materialien und der Ausführung stark variiert – bei mindestens 300 000 Euro liegt. Wenn Sie sich in das Modell verliebt haben, sollten Sie sich beeilen, denn die Produktion für das Jahr 2025 ist bereits ausverkauft. Immerhin gibt es bereits eine Warteliste für die Produktion des Jahres 2026.

Es gibt noch eine andere Art von Kleinserienherstellern in Deutschland: die (ehemaligen) Rennmotorenentwickler und Tuner. Der wohl bekannteste Name ist hier AMG (was, wie schon erwähnt, für Hans-Werner Aufrecht und Erhard Melcher in Großaspach steht). Dieses Unternehmen wurde bereits 1967 als Tuningbetrieb gegründet, 1999 in Mercedes-AMG GmbH umbenannt und 2005 komplett von der Daimler AG übernommen. Damit verfügt die Marke mit dem Stern nun auch über eine sportliche Tochter, wie sie BMW mit der M GmbH und Audi mit der quattro GmbH haben.

Die AMG-Modelle bilden ab der C-Klasse (W203) die jeweiligen Topmodelle der Baureihen. Zur Erfolgsgeschichte von AMG gehört außerdem ein legendäres Mercedes-Modell, wenn auch weit entfernt von der Welt der Performance: die G-Klasse, ein waschechter Geländewagen, der 1979 auf den Markt kam. Nach wie vor ist sie als Verbrenner erhältlich (und zwar von AMG mit einem 585 PS starken Mild-Hybrid-System), aber mit dem G580 ist sie in der Welt der E-Fahrzeuge angekommen. In der Bodengruppe befindet sich eine gigantische 116-kWh-Batterie für eine Reichweite von fast 500 km. Angetrieben wird das Auto von vier Elektromotoren (einer pro Rad), die eine Leistung von 587 PS und satte 1164 Nm erbringen. So wird die von Anfang an außergewöhnliche Geländegängigkeit des Geländewagens mit der Strahlkraft eines Gran Turismo kombiniert.

286 oben Bei der Entwicklung der neuen C-Klasse (W204, seit 2007) nutzte Mercedes die neusten technischen Möglichkeiten, etwa den sogenannten „Design Cave“, einen Raum zur dreidimensionalen Darstellung von Computerbildern.

286–287 AMG verhilft Mercedes-Modellen nicht nur zu mehr Leistung, bei den beliebten Sonderausstattungen gibt es für gutes Geld auch diverse Anbauteile, wie hier bei einem W203 (2000 bis 2007).

287 oben Ab 2003 baute AMG eine Sonderedition des Mercedes DTM-Wagens auf Basis des CLK. Es wurden 100 Exemplare produziert, angetrieben von einem 582 PS starken V8. Eine zweite Serie kam als Cabrio auf den Markt.

Auf eine nicht ganz so lange Geschichte wie AMG kann Brabus zurückblicken, doch das Unternehmen, 1977 von Klaus Brackmann und Bodo Buschmann gegründet, hat sich längst von einem reinen Tuningbetrieb zu einem Kleinserienhersteller gewandelt. Brabus arbeitet wie AMG ausschließlich mit Daimler-Produkten und ist beim Smart sogar der offizielle „Hoflieferant", ohne jedoch den gleichen Status zu genießen wie AMG. Mit 350 Mitarbeitern gilt das Unternehmen heute als größter unabhängiger Fahrzeugtuner der Welt.
Auch Brabus ist nicht gerade bekannt für vornehme Zurückhaltung, weder optisch noch technisch. Die Überflieger des Unternehmens werden mit dem Biturbo-V8 von Mercedes ausgestattet, der 630 bis 930 PS leistet. Es gibt aber auch eine noch stärkere Version mit 1000 PS: den Rocket. Dieses bedrohliche viertürige Coupé mit zahlreichen aerodynamischen Applikationen aus Kohlefaser basiert auf dem Mercedes-AMG GT 63 S E Performance und ist ein Plug-in-Hybrid mit dem bereits erwähnten 4,4-Liter-Biturbo-V8, der 796 PS leistet, die dank des 204 CV-Elektromotors an der Hinterachse auf 1000 PS gesteigert werden. Auf diese Weise erreicht das Systemdrehmoment 1620 Nm (elektronisch begrenzt). Um dies zu erreichen, tüftelten die Brabus-Ingenieure an Antriebswelle, Kolben (geschmiedet), Turbolader (der Druck wurde auf 1,4 bar erhöht) und Auspuff (ein spezieller Katalysator) und installierten ein maßgeschneidertes Steuermodul. Die Leistung ähnelt nun der eines Formel-1-Rennwagens: Auch dank des Allradantriebs geht es in nur 2,6 Sekunden von 0 auf 100 km/h, während die Höchstgeschwindigkeit 316 km/h beträgt. Natürlich gibt es Carbon-Keramik-Scheibenbremsen, ebenso wie Bodykit und Reifen (21" vorne und 22" hinten, von Continental). Angesichts der Innenausstattung, die fast vollständig mit feinem Leder überzogen ist, überrascht es nicht, dass der Preis weit über 500 000 Euro liegt und dass nur 25 Exemplare hergestellt wurden.

288 und 289 unten Dank größerer Räder und Bodykit wuchs die Karosserie um fast 7 cm in die Breite. Die vier Auspuffrohre verströmen eine tiefe, gutturale Melodie. Direkt über ihnen befindet sich die Klappe, die sich zum Aufladen des Stroms öffnet.

289 oben Das Armaturenbrett greift verschiedene Details aus der Mercedes-Tuning-Welt auf, wurde aber in Bezug auf die Oberflächengestaltung überarbeitet. Dazu gehört der großzügige Einsatz von Carbon, das unter anderem die massive Mittelkonsole über dem Getriebetunnel verkleidet.

ROCKET

Nicht einmal Elektroautos sind vor den Tunern aus Bottrop sicher (wie der Mercedes-AMG EQS 53 mit 763 PS und 1020 Nm Drehmoment), und auch die Geländewagen der G-Klasse bilden keine Ausnahme. Erhältlich sind sie in einer Pick-up-Version, als 6x6 und einer Special-Ops-Version mit leichter Panzerung. Schließlich leben die besten Brabus-Kunden nicht in Westeuropa, sondern im Mittleren und Fernen Osten.

290–291 Von außen ist die elektrische G-Klasse an ihrem speziellen Kühlergrill zu erkennen, mit reduzierten Schlitzen, um den Luftstrom nicht zu beeinträchtigen, und einer Kunststoffleiste entlang der Türpfosten in der Nähe der Windschutzscheibe, um Windgeräusche zu dämpfen.

D

Ruf ist ebenfalls ein Tuningbetrieb mit ausgezeichnetem Image. Ruf sieht sich weniger als Tuner, sondern ist schon seit 1981 offiziell als Hersteller eingetragen. Das schon 1939 gegründete Unternehmen aus Pfaffenhausen im Unterallgäu hat sich auf die Veredlung von Porsche-Automobilen spezialisiert. Neben der Zentrale in Deutschland gibt es auch ein Werk in Bahrain. Damit ist auch klar, in welchem geografischen Umfeld die Hauptkundschaft von Ruf zu suchen ist. Spitzenmodell ist der CTR 3 Evo, eine eigene Entwicklung mit Biturbo-6-Zylinder-Boxer, 800 PS bei 7100 U/min stark, 380 km/h schnell. Doch das größte Geschäft macht Ruf sicher mit Kits und Accessoires, vor allem für den 911, aber auch für Boxster und Cayman. Im Gegensatz zu AMG und Brabus fallen nicht alle Ruf-Porsche durch ihre Optik auf, die Pfaffenhausener können bei Bedarf auch schön dezent bleiben.

292–293 Mit dem CTR 3 präsentierte Ruf im Jahr 2007 einen außergewöhnlichen Supersportwagen. Der CTR 3 Evo ist ein würdiger Erbe: Dank seines 3,8-Liter-Biturbo-Boxermotors mit 800 PS bei 7100 U/min und zahlreicher aerodynamischer Erweiterungen bringt er es auf bis zu 380 km/h.

Abgesehen von der sanften ästhetischen Überarbeitung (der Projektcode lautet 992.2) verbirgt die neueste Version des Porsche 911 unter seiner geschmeidigen und doch unvergänglichen Linienführung eine wichtige Neuerung: einen Hybrid-Antriebsstrang, der sich aus einem Verbrenner (einem brandneuen Sechszylinder-Boxer, der auf 3,6 Liter aufgebohrt wurde und 485 PS leistet) und zwei Elektromotoren zusammensetzt. Der erste elektrische Antrieb ist im Turbolader zwischen dem Verdichter und den Turbinenrädern untergebracht. Seine Aufgabe ist es, die Drehgeschwindigkeit der Turbinenräder (jetzt einfach und nicht mehr mit variabler Geometrie) zu regulieren und in kürzester Zeit den richtigen Ladedruck zu gewährleisten. Durch die Nutzung des Abgasstroms gewinnt er aber auch dessen Energie zurück, was zu einer zusätzlichen Leistung von 15 PS führt. Der zweite Elektromotor ist in das Doppelkupplungsgetriebe mit acht Gängen integriert und trägt 41 kW zur Systemleistung von 541 PS und 610 Nm bei. Diese beiden Herzen werden von einer 1,9 kWh Lithium-Ionen-Batterie unterstützt, die 27 kg wiegt – insgesamt bringt das Auto 1595 kg auf die Waage – und unter der Motorhaube montiert ist. Der Hybrid-Elfer rührt sich nicht, wenn der Benzinmotor ausgeschaltet ist, aber er verspricht außergewöhnliche Leistungen: 0 bis 100 km/h in 3 Sekunden für die GTS-Version. Er bildet eine außergewöhnliche Technologie-Kombination, um die Wunder der 911-Baureihe weiterhin zu genießen, ohne sich von den melodiösen Klängen des Sechszylinders verabschieden zu müssen.

294–295 unten Traditionsgetreu gibt es den 992.2 auch in einer Cabriolet-Version mit einem elektrisch bedienbaren Stoff-Faltdach. In seiner ersten Version bietet dieser Carrera keine Hybrid-Antriebsoption: Stattdessen treibt ihn der klassische 3-Liter-Motor des Vor-Facelift-GTS an, der hier auf 394 PS reduziert wurde.

295 rechts Der 6-Zylinder-Boxermotor mit 3,6 Liter des GTS ist nicht nur um 11 cm kürzer, sondern bietet auch ein Hybridsystem mit 485 PS und 720 Nm, was einer Systemleistung von 541 PS entspricht. Der Turbolader ist deutlich auf der rechten Seite des Motors zu sehen und verdeckt einen der beiden elektrischen Antriebe.

294–295 Die Idee für den PureSpeed stammt von den berühmtesten (und siegreichen) Rennwagen mit einer Karosserie im Barchetta-Stil. Die Farbe wurde vom Mercedes-Rennwagen Nr. 10 inspiriert, der die 15. Targa Florio 1924 in 6 Stunden und 32 Minuten gewann, gefahren von Christian Werner.

295 unten Das beim GP von Monaco 2024 enthüllte Konzeptfahrzeug mit spitz zulaufender Karosserie ist ein Vorgeschmack auf die limitierte Serie, die 2025 für 250 glückliche Kunden erhältlich sein wird. Dazu erhält jeder Besitzer einen Chronografen, der gemeinsam mit dem Partner IWC Schaffhausen entworfen wurde.

AMG wurde 1967 in Affalterbach als reine Tuningschmiede gegründet und ist nun offiziell Teil des Mercedes-Konzerns, sodass bei den sportlichsten Modellen des Automobilherstellers die drei berühmten Buchstaben (ein Akronym für die Gründer Aufrecht und Melcher sowie den Gründungsort Großaspach) direkt im Namen erscheinen: Mercedes-AMG. Das neueste Modell, das beim Grand Prix von Monaco 2024 der Weltöffentlichkeit vorgestellt wurde, ist ein ausgesprochen aggressives Konzeptfahrzeug. Der PureSpeed ist das erste Modell in einer Reihe von limitierten Auflagen (in diesem Fall 250 Stück), die für Sammler bestimmt sind. Das Auto interpretiert das Barchetta-Konzept im reinsten Stil. Es ist dem SL nachempfunden und hat weder Dach noch Windschutzscheibe oder Seitenfenster. Das Element, das den Fahrer schützt, ist eine sich verjüngende Carbonstruktur, die von dem Halo inspiriert ist, wie man ihn bei aktuellen Formel-1-Rennern sieht. Die Karosserie besteht zu einem großen Teil aus Carbon, während die Farben (rot, grau und schwarz) eine Hommage an den Mercedes-Wagen sind, der 1924 die Targa Florio gewann.

Concept Mercedes-AMG
PureSpeed

Was der Audi RS in der Klasse der familientauglichen Autos vormachte, fand auch in München Anklang, und zwar in der M-Serie von BMW. Offiziell erblickte der M5 Touring (E34) im Jahr 1992 das Licht der Welt, aber auch der M5 der Baureihe E61 sollte nicht ignoriert werden. Sein V10-Benzinmotor mit 507 PS kratzte am Leistungsolymp (Höchstleistung bei 7750 U/min, während der Begrenzer sich bei 8250 U/min bemerkbar machte). Auf einen M3 Touring im Autohaus musste man allerdings noch ein paar Jahre warten: Der erste Prototyp auf Basis des E46 wurde im Jahr 2000 fertiggestellt, aber BMW präsentierte ihn erst 2016. Die Serienproduktion eines M3-Kombi begann erst 2022 mit der Baureihe G81. Abgesehen von seiner Alltagstauglichkeit (dank eines familiengemäßen Kofferraums mit einem Fassungsvermögen von 500 Litern) wird er immer noch von einem 6-Zylinder-Reihenmotor angetrieben. In diesem Fall verfügt er über zwei Turbos und kann 530 PS und 650 Nm freisetzen, die ein Allradantrieb auf den Asphalt bringt, der bei Bedarf in einen reinen Hinterradantrieb umgewandelt werden kann.

298 oben Zu den Details im Innenraum gehören die Sitze, die im Vergleich zu denen eines klassischen 3er-Touring sportlicher sind, sowie hier und da Carbonapplikationen. Auch das Dreispeichen-Lenkrad ist einzigartig: Es ist im unteren Bereich abgeflacht und mit Alcantara bezogen.

298 unten Die Seitenansicht betont die Verbreiterungen, nötig geworden durch reichhaltige technische Features (einschließlich Allradantrieb). Der Komfort ist vergleichbar mit den anderen Versionen. Das Armaturenbrett ist spektakulär.

299 oben und unten Die Doppelniere im Gigantismus-Look ist heute bei BMW Usus. Beim M3 erzeugt sie eine noch bedrohlichere Ästhetik. Genau wie die vier großzügigen Auspuffrohre, die über dem Diffusor herausragen: der Klang ist himmlisch.

Mit dem XM ist die M-Serie sogar in die Kategorie der Hyper-SUVs vorgedrungen. Seine Bedeutung liegt vor allem darin, dass er das erste M-Modell seit dem historischen M1 von 1978 ist, das nicht von anderen Serienfahrzeugen abgeleitet wurde. Dazu kommt außerdem die Linienführung, die alles andere als konventionell ist, angefangen bei der Front mit dem doppelten Nierengrill (und den LED-Leuchten), der ebenso groß wie bedrohlich ist. Der Antriebsstrang ist ähnlich beeindruckend: 653 PS und 800 Nm kommen über ein Plug-in-Hybridsystem, dessen Speerspitze der V8-Biturbo ist, der mit einem 120-kW-Elektromotor eine Symbiose eingeht. Auf diese Weise werden bei Vollgas in 4,3 Sekunden 100 km/h erreicht. Charakter ist auch dann ein Muss, wenn es um SUVs geht.

300 oben BMW hat den XM Label Red auf 500 Exemplare limitiert. Zu erkennen ist er an der Außenfarbe Frozen Carbon Black Metallic, kombiniert mit Details in Toronto Red an den Einfassungen des Doppelnierengrills, den Leichtmetallrädern und dem Diffusoreinsatz am Heck.

300 oben Der Label Red verfügt über den Elektromotor des „normalen" XM (197 PS und 280 Nm, mit Achtgang-Steptronic-Getriebe), aber die Benzinversion des V8-Biturbo entfaltet statt 489 nun 585 PS und statt 650 volle 750 Nm maximales Drehmoment.

300–301 unten Ungeachtet seines beachtlichen Gewichts von ca. 2,8 Tonnen schafft es dieser XM in 3,8 Sekunden von 0 auf 100 km/h (Standard-XM: 4,3 Sekunden), während die abgeregelte Höchstgeschwindigkeit von 250 km/h optional auf 290 km/h gesteigert werden kann.

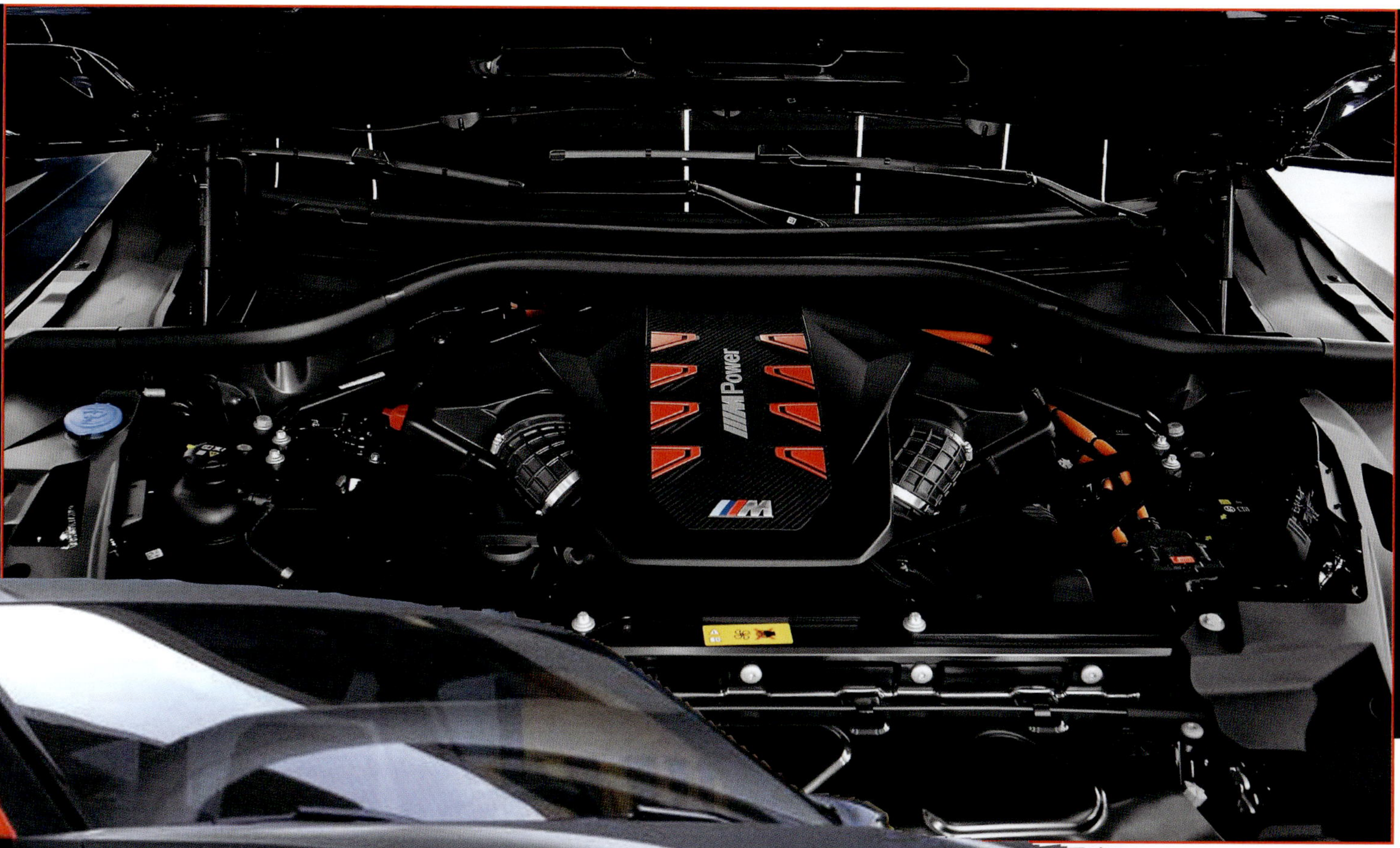
M Power

DIE AUTOREN

Peter Ruch ist Mitglied der internationalen „Auto des Jahres"-Jury. Bis Ende 2007 arbeitete er als Chefredakteur der angesehenen Schweizer Automobil Revue, seither ist er als freier Journalist für Medien auf der ganzen Welt tätig. Ruch hat bisher drei Bücher veröffentlicht: *Panamericana – Mit dem Motorrad von Alaska nach Feuerland*, außerdem *Cadillac – Standard of the World* sowie *Mini – Die Geschichte einer Legende*. Er selbst fährt privat tatsächlich ein deutsches Auto, einen BMW 2002 touring Jahrgang 1973.

Der von Kindheit an von Autos faszinierte Journalist **Andrea Rapelli** nahm die Aktualisierungen dieser neuen Ausgabe vor. Er begann seine Karriere als Autor für *Auto Oggi*, *Panoramauto* und *EVO Italia*. Er arbeitete für die italienischen Monatszeitschriften *Autotecnica* und *Ruoteclassiche* sowie für Websites wie Motorbox.com, Motor1.com Italia und Red Live. Er spezialisierte sich auf Serienfahrzeuge und liebt klassische Autos und Motorräder. Für White Star schrieb er die Bücher *Motorcycles: The Legendary Models* und *Porsche: Die legendären Modelle* und war Mitautor von *Legendary Convertibles*. Derzeit arbeitet er bei *Quattroruote*, wo er für Straßentests zuständig ist.

BIBLIOGRAFIE

Jürgen Barth/Gustav Büsing, *Das neue große Buch der Porsche-Typen*, 3 Bände, Motorbuch-Verlag

Marc Bongers, *Audi – Serien-, Sport- und Rennwagen seit 1965*, Motorbuch-Verlag

Günter Engelen, *Mercedes 190 SL – 280 SL, Vom Barock zur Pagode*, Motorbuch-Verlag

Günter Engelen, *Mercedes 280 SL – 500 SLC, Der Schritt zur Modellvielfalt*, Motorbuch-Verlag

Günter Engelen/Mike Riedner, *Mercedes-Benz 300 SL, Vom Rennsport zur Legende*, Motorbuch-Verlag

Paul Frère, *Die Porsche 911 Story*, Motorbuch-Verlag

Thomas Fuths, *Golf – Fünf Generationen eines Welterfolgs*, Delius Klasing

Thomas Fuths/Jürgen Lewandowski/Wolfgang Peters, *GTI – Drei Dekaden einer Legende*, Delius Klasing

Achim Gaier, *Personenwagen in der DDR*, Motorbuch-Verlag

Hans-Dieter Görg, *80 Jahre Hanomag Kommissbrot*, Delius Klasing

Giuseppe Guzzardi-Enzo Rizzo, *Cabriolet, storia ed evoluzione delle decappottabili*, 1998

Giuseppe Guzzardi-Enzo Rizzo, *Cento anni di automobilismo sportivo*, 1999

Peter Kirchberg/Jürgen Pönisch, *Horch*, Delius Klasing

Peter Kurze, *Kleinwagen der Fünfzigerjahre*, Delius Klasing

Peter Kurze/Ralf Kiese, *Lloyd – der Wagen für Dich*, Delius Klasing

Peter Kurze, *Borgward Isabella*, Delius Klasing

Jürgen Lewandowski, *BMW Z1*, art & car Verlag

Jürgen Lewandowski, *Maybach – Der Weg zur Legende*, Delius Klasing

Jürgen Lewandowski, *Ford bewegt*, Delius Klasing

Jürgen Lewandowski, *Opel – Die Automobile, die Menschen*, Delius Klasing

Jochen Neerpasch/Jürgen Lewandowski, *BMW M1*, Delius Klasing

Werner Oswald/Halwart Schrader/Eberhard Kittler, *Deutsche Autos*, Band 1–6, Motorbuch-Verlag

Matthias Pfannmüller, *Mit Tempo durch die Zeit*, Delius Klasing

Frank Rönicke, *Trabant – Legende auf Rädern*, Motorbuch-Verlag

Peter Schneider, *Die NSUStory – Chronik einer Weltmarke*, Motorbuch-Verlag

Halwart Schrader, *BMWAutomobile*, Motorbuch-Verlag

Alexander Franc Storz, *Opel seit 1899*, Motorbuch-Verlag

Gerd-G.Westermann/Thomas Erdmann, *Wanderer-Automobile*, Delius Klasing

Bernhard Wiersch, *Die Käfer-Chronik*, Heel Verlag

Jürgen Zöllter, *Smartismus*, Motorbuch-Verlag

DANKSAGUNG

Neben meinem geschätzten Kollegen Jürgen Lewandowski, der den Kontakt zu White Star Editions herstellte, meiner Familie und meinen Eltern, möchte ich mich bei folgenden Personen bedanken: Christoph Bleile (Opel), Maria Danner (Opel), Maria Feifel (Daimler), Jolanda Eggenschwiler (Porsche), Dino Graf (AMAG), Donatus Grütter (VW), Georges Keller, Dieter Landenberger (Porsche), Christian Masanz (BMW), Andreas Meyer (Andy's Motorbooks, Zürich), Oliver Peter (Daimler), Peter Ruch, Erwin Thomann (Ford), Michael Zumbrunn.

Der Herausgeber bedankt sich bei:
Matthias Enzinger, Audi Media Services, Audi AG, Ingolstadt, Deutschland
Maria Feifel, Archives & Collection, Daimler AG, Stuttgart, Deutschland
Porsche AG Presse, Stuttgart, Deutschland
Mauro Gentile, Porsche Italia S.p.A., Italien
BMW Group Press Fleet Consultant, BMW AG, Woodcliff Lake, New Jersey (USA) Lorenza Cappello, Italdesign Giugiaro S.p.A., Italien
Olaf von Dehn-Rotfelser, Loremo AG, München, Deutschland

FOTONACHWEIS

Seite 1 Mary Evans Picture Library
Seiten 2-3, 6-7, 8-9 Ron Kimball Studios
Seiten 10-11 Fotostudio Zumbrunn
Seite 13 Ann Ronan Picture Library/Photo12.com
Seiten 14-15 Fotostudio Zumbrunn
Seiten 16-17 Ron Kimball Studios
Seiten 18-19 Fotostudio Zumbrunn
Seiten 20-21 Ron Kimball Studios
Seite 24 Bettmann/Corbis
Seite 25 The Print Collector/Alamy
Seite 26 unten Photo12.com
Seiten 26 oben, 26-27 Science Museum/Science & Society Picture Library
Seiten 28-29 Silwen Randebrock/Alamy
Seite 29 oben links Science Museum/Science & Society Picture Library
Seite 29 oben rechts Albert Harlingue/Roger-Viollet/Archivi Alinari
Seite 29 unten The Print Collector/Alamy
Seiten 30-31 Science Museum/Science & Society Picture Library
Seite 32 oben Photoservice Electa/Akg Images
Seiten 32-33 Hulton Archive/Getty Images
Seiten 34-35 Porsche AG Presse
Seiten 36-37, 38-39, 40-41, 42-43 General Motors Media Archive
Seite 44 Imagno/Contributor/Hulton Archive/Getty Images
Seiten 46-47 Mary Evans Picture Library
Seite 50 Photoservice Electa/Akg Images
Seiten 50-51, 51 Mitte Markus Nikot
Seite 51 oben Interfoto Pressebildagentur/Alamy
Seite 52 Deutsches Museum
Seiten 52-53 Hulton Archive/Getty Images
Seite 53 oben Maurice Branger/Roger-Viollet/Archivi Alinari
Seite 56 oben Deutsches Museum
Seiten 56-57 Fotostudio Zumbrunn
Seite 57 Deutsches Museum
Seiten 58-59 General Motors Media Archive
Seiten 60, 61, 62, 63 BMW AG Konzernarchiv
Seite 64 oben Photoservice Electa/Akg Images
Seiten 64-65 Fotostudio Zumbrunn
Seite 65 Deutsches Museum
Seiten 66-67 Ron Kimball Studios
Seite 68 Fotostudio Zumbrunn
Seite 69 oben Photoservice Electa/Akg Images
Seite 69 unten Austrian Archives/Corbis
Seiten 72-73, 73 Fotostudio Zumbrunn
Seite 75 Photoservice Electa/Akg Images
Seiten 80-81 Fotostudio Zumbrunn
Seiten 84 oben, 84-85 Ron Kimball Studios
Seiten 86, 86-87, 88-89 Fotostudio Zumbrunn
Seite 90 oben Markus Nikot
Seiten 90-91 Photoservice Electa/Akg Images
Seiten 92, 92-93, 93 oben links Markus Nikot
Seite 93 oben rechts Photoservice Electa/Akg Images
Seiten 94, 94-95 Markus Nikot
Seiten 96, 96-97, 97, 98 oben, 98-99 Fotostudio Zumbrunn
Seiten 99 oben, 100 unten, 102-103 Photoservice Electa/Akg Images
Seite 103 Imagno/Contributor/Hulton Archive/Getty Images
Seiten 104 oben und Mitte, 106 Photoservice Electa/Akg Images
Seiten 106-107 Talking sport/Photoshot
Seiten 108-109, 109 Charles Best/Alamy
Seiten 110-111 Fotostudio Zumbrunn
Seiten 112-113 BMW AG Konzernarchiv
Seiten 114 oben, 114-115 Fotostudio Zumbrunn
Seite 115 oben BMW AG Konzernarchiv
Seiten 118-119 Ron Kimball Studios
Seite 122 Photoservice Electa/Akg Images
Seiten 122-123 Fotostudio Zumbrunn
Seiten 124-125, 125 Time 6 Life Pictures/Getty Images
Seite 126 Photoservice Electa/Akg Images
Seiten 126-127 Ron Kimball Studios
Seite 127 oben Photoservice Electa/Akg Images
Seiten 128-129 Ron Kimball Studios
Seiten 130, 131 General Motors Media Archive
Seite 132 oben links Ford Motor company Archives
Seiten 132 oben rechts und unten, 133 Photoservice Electa/Akg Images
Seite 134 oben General Motors Media Archive
Seiten 134-135 Fotostudio Zumbrunn
Seiten 136-137, 138, 139 BMW AG Konzernarchiv
Seite 140 oben links Hulton-Deutsch Collection/Corbis
Seite 140 oben rechts BMW AG Konzernarchiv
Seiten 142, 142-143 Ron Kimball Studios
Seiten 146-147 Fotostudio Zumbrunn
Seite 147 BMW AG Konzernarchiv
Seiten 148-149 John Marian/Transtock/Alamy
Seiten 150-151, 152-153 Ron Kimball Studios
Seiten 158-159 Fotostudio Zumbrunn
Seite 160 oben Ron Kimball Studios
Seiten 160-161, 162 National Motor Museum
Seiten 162-163 Hulton Archive/Getty Images
Seite 164 Volkswagen Media
Seiten 164-165 Science Museum/Science & Society Picture Library
Seiten 166-167, 167 General Motors Media Archive
Seiten 168 oben, 168-169, 169 BMW AG Konzernarchiv
Seiten 172, 173 Photoservice Electa/Akg Images
Seiten 174, 174-175 Fotostudio Zumbrunn
Seiten 176-177 Ron Kimball Studios
Seite 181 BMW AG Konzernarchiv
Seiten 184-185, 185 Volkswagen Media
Seiten 188-189 Fotostudio Zumbrunn
Seiten 190-191 National Motor Museum/Alamy
Seiten 194-195 Fotostudio Zumbrunn
Seiten 198-199, 199 BMW AG Konzernarchiv
Seiten 206-207 Fotostudio Zumbrunn
Seite 207 oben Imagebroker/Alamy
Seiten 208-209, 210-211, 212-213 Ron Kimball Studios
Seite 214 BMW AG Konzernarchiv
Seiten 214-215 Fotostudio Zumbrunn
Seiten 216, 217 BMW AG Konzernarchiv
Seiten 218, 218-219 Ron Kimball Studios
Seiten 220-221 Getty Images
Seiten 222, 222-223 Ron Kimball Studios
Seite 225 unten General Motors Media Archive
Seite 238 Martin Goddard/Corbis
Seiten 238-239 Car Photo Library
Seiten 240-241 National Motor Museum
Seite 241 oben General Motors Media Archive
Seiten 244-245 Fotostudio Zumbrunn
Seiten 246-247 Ron Kimball Studios
Seiten 248-249, 249 General Motors Media Archive
Seiten 254-255, 256-257, 257, 258-259, 260, 260-261 Ron Kimball Studios
Seite 262 oben Krafft Angerer/Getty Images
Seite 262 unten Sean Gallup/Getty Images
Seiten 262-263 National Motor Museum
Seiten 274, 274-275 Ron Kimball Studios
Seite 276 Drive Images/Alamy
Seiten 287, 288 Car Photo Library
Seiten 288-289 Ron Kimball Studios
Seiten 292-293 Car Photo Library
Seite 300: Mariusz Burcz / Alamy Foto Stock
Seite 301 oben: Gabo_Arts/Shutterstock
Seiten 300-301: Mariusz Burcz / Alamy Foto Stock

Mit freundlicher Genehmigung von:
Seiten 4-5 Audi AG/Audi Media Services
Seiten 22-23 Daimler AG
Seiten 34-35 Porsche AG Presse
Seiten 44-45, 48, 49, 54, 55, 70, 71 Daimler AG
Seiten 74 oben, 74-75 Audi AG/Audi Media Services
Seiten 76, 76-77, 78, 78-79, 82, 83, 100 oben, 101, 102 unten, 104-105, 105 oben Daimler AG
Seite 110 oben BMW AG
Seiten 116-117 Audi AG/Audi Media Services
Seiten 120-121 Daimler AG
Seite 141 BMW AG
Seiten 144, 144-145 Daimler AG
Seiten 148, 149 oben, 151 Porsche AG Presse
Seiten 154, 155, 156-157, 157 Daimler AG
Seiten 159 oben, 161 oben Porsche AG Presse
Seiten 170, 171 Daimler AG
Seiten 178-179 Italdesign Giugiaro S.p.a.
Seiten 180-181 Porsche AG Presse
Seiten 182, 182-183 Italdesign Giugiaro S.p.a.
Seiten 186-187, 187 Audi AG/Audi Media Services
Seite 189 Italdesign Giugiaro S.p.a.
Seite 191 oben Porsche AG Presse
Seiten 192, 192-193, 196, 197, 200, 200-201, 201, 202, 203, 204, 204-205, 205 Daimler AG
Seite 208 Porsche AG Presse
Seiten 220, 221 BMW AG
Seiten 224, 224-225 Italdesign Giugiaro S.p.a.
Seiten 226, 227, 228-229, 229, 230, 230-231, 231, 232, 232-233, 233, 234, 234-235, 235 Audi AG/Audi Media Services
Seiten 236, 236-237, 237, 242-243 Daimler AG
Seite 248 oben BMW AG
Seiten 250, 251, 252, 253 Porsche AG Presse
Seiten 264-265, 266, 267, 268-269 Audi AG/Audi Media Services
Seiten 272-273, 273 Daimler AG
Seiten 276-277 Audi AG/Audi Media Services
Seiten 278, 279, 280, 280-281 Porsche AG Presse
•••Seiten 282-283 Loremo AG•••
Seiten 284-285, 285: Wiesmann Sports Cars GmbH
Seiten 284-285, 285: Wiesmann Sports Cars GmbH
Pages 286, 286-287 Daimler AG
Seiten 288, 289 oben, 289 unten: Brabus GmbH
Seiten 290-291, 291: Mercedes-Benz Group AG
Seite 293 oben RUF Automobile GmbH
Seiten 294-295, 295 oben: Dr. Ing. h.c. F. Porsche AG
Seiten 296-297, 297: Mercedes-Benz Group AG
Seiten 298, 298-299, 299 oben, 299 unten: BMW AG
Seite 300 Audi Media Services

Aktualisierung der Einleitung sowie der Kapitel 6 und 9 von Andrea Rapelli

ISBN 978-3-8094-5168-6

1. Auflage

Die englische Originalausgabe erschien unter dem Titel: *Legendary German Cars*

Projektleitung dieser Ausgabe: Martha Sprenger
Umschlaggestaltung: Atelier Versen, Bad Aibling
Producing: K. Design, Wiesbaden
Herstellung: Stefanie Klingelberg

MIX
Papier | Fördert gute Waldnutzung
FSC® C022120

Penguin Random House Verlagsgruppe FSC® N001967

Druck und Bindung: TBB, a.s., Banska Bystrica
Printed in Slovakia

674139710118

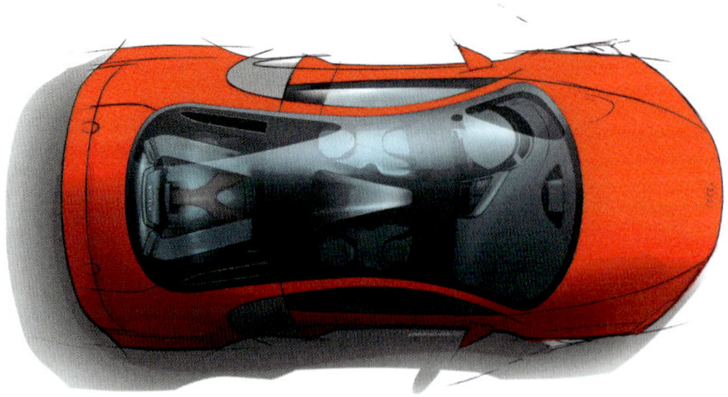

308 Der R8 Le Mans bedeutete für Audi den Beginn einer neuen Ära: Heute werden in Ingolstadt auch Supersportwagen gebaut.